Mr. Know All

从这里，发现更宽广的世界……

Mr. Know All

—— 小书虫读科学 ——

Mr. Know All

十万个为什么
什么样的蘑菇可以吃

《指尖上的探索》编委会 组织编写

小书虫读科学
THE BIG BOOK OF
TELL ME WHY

作家出版社

策划出品 悦读名品　图片服务 悦读名品 123RF

蘑菇虽然有大脑袋，却不是动物；虽然有根，却也不是植物。蘑菇是一种菌类，在生物世界里自成一个体系。蘑菇大家族的成员们姿态各异，种类不一。本书针对青少年读者设计，图文并茂地介绍了认识可爱的蘑菇、那些可以吃的蘑菇、那些最奇特的蘑菇、种出好蘑菇、人类文明中的蘑菇五部分内容。

图书在版编目（CIP）数据

什么样的蘑菇可以吃 /《指尖上的探索》编委会编. --
北京：作家出版社，2015.11
（小书虫读科学．十万个为什么）
ISBN 978-7-5063-8563-3

Ⅰ. ①什… Ⅱ. ①指… Ⅲ. ①蘑菇—青少年读物
Ⅳ. ①Q949.3-49

中国版本图书馆CIP数据核字（2015）第278789号

什么样的蘑菇可以吃

作　　者	《指尖上的探索》编委会
责任编辑	王　炘
装帧设计	北京高高国际文化传媒
出版发行	作家出版社
社　　址	北京农展馆南里10号　邮　编　100125
电话传真	86-10-65930756（出版发行部）
	86-10-65004079（总编室）
	86-10-65015116（邮购部）
E-mail	zuojia@zuojia.net.cn
	http://www.haozuojia.com（作家在线）
印　　刷	小森印刷（北京）有限公司
成品尺寸	163×210
字　　数	170千
印　　张	10.5
版　　次	2016年1月第1版
印　　次	2016年1月第1次印刷
ISBN	978-7-5063-8563-3
定　　价	29.80元

作家版图书　版权所有　侵权必究
作家版图书　印装错误可随时退换

Mr. Know All

指尖上的探索 编委会

编委会顾问

戚发轫　国际宇航科学院院士　中国工程院院士
刘嘉麒　中国科学院院士　中国科普作家协会理事长
朱永新　中国教育学会副会长
俸培宗　中国出版协会科技出版工作委员会主任

编委会主任

胡志强　中国科学院大学博士生导师

编委会委员（以姓氏笔画为序）

王小东	北方交通大学附属小学	**张良驯**	中国青少年研究中心
王开东	张家港外国语学校	**张培华**	北京市东城区史家胡同小学
王思锦	北京市海淀区教育研修中心	**林秋雁**	中国科学院大学
王素英	北京市朝阳区教育研修中心	**周伟斌**	化学工业出版社
石顺科	中国科普作家协会	**赵文喆**	北京师范大学实验小学
史建华	北京市少年宫	**赵立新**	中国科普研究所
吕惠民	宋庆龄基金会	**骆桂明**	中国图书馆学会中小学图书馆委员会
刘　兵	清华大学	**袁卫星**	江苏省苏州市教师发展中心
刘兴诗	中国科普作家协会	**贾　欣**	北京市教育科学研究院
刘育新	科技日报社	**徐　岩**	北京市东城区府学胡同小学
李玉先	教育部教育装备研究与发展中心	**高晓颖**	北京市顺义区教育研修中心
吴　岩	北京师范大学	**覃祖军**	北京教育网络和信息中心
张文虎	化学工业出版社	**路虹剑**	北京市东城区教育研修中心

目录 Contents

第一章 认识可爱的蘑菇

1. 你了解蘑菇的基本情况吗 /2
2. 蘑菇的主要生物学特征是什么 /3
3. 蘑菇是植物吗 /5
4. 蘑菇是如何从"植物界"中独立出来的 /7
5. 蘑菇有哪些别名 /8
6. 蘑菇有哪些生态适应类型 /9
7. 双孢蘑菇是什么样的 /10
8. 你知道子囊菌是什么吗 /11
9. 你知道担子菌是什么吗 /12
10. 蘑菇有没有"种子" /14
11. 蘑菇的"菌丝"是什么 /16
12. 蘑菇的子实体是什么 /17
13. 子实体有哪些形态 /18
14. 你认识蘑菇的菌盖吗 /19
15. 蘑菇的菌柄是什么样的 /20
16. 蘑菇的菌托是什么 /21
17. 蘑菇的菌环是什么 /22
18. 蘑菇的菌褶和菌管是什么 /23
19. 你知道蘑菇有奇妙的警戒色和保护色吗 /24
20. 蘑菇与其他生物的关系怎样 /25

第二章 那些可以吃的蘑菇

21. 昆虫的喜好能告诉我们哪些蘑菇可以食用吗 /28
22. 常见的食用蘑菇有哪些 /30
23. 猴头菇为什么被称为"胃肠保护伞" /31
24. 平菇真的很平凡吗 /32
25. 金针菇与金针菜是"亲戚"吗 /33
26. 银耳为什么被誉为"菌中之冠" /34
27. 木耳为什么被称为"中餐中的黑色瑰宝" /36
28. 你知道香菇的身世吗 /38
29. 鸡㙡为何被视为食用菌中的珍品 /39
30. 竹荪为什么能被称为"菌中皇后" /40
31. "菌中新秀"指的是哪种蘑菇 /41
32. 羊肚菌是从羊肚子中长出来的吗 /42
33. 兰花菇和草菇是不是同一类蘑菇 /43
34. "姬松茸"是什么菌类 /44
35. 常见的药用真菌有哪些 /45
36. 哪种蘑菇被誉为"四时神药" /46
37. 你知道灵芝通常怎么应用吗 /47
38. 你了解冬虫夏草吗 /48
39. 灰树花是开在树上的花吗 /49
40. 猪苓和猪有没有关系 /50
41. 你了解槐耳吗 /51
42. 你知道神奇的乌灵参吗 /52
43. 你了解桑黄吗 /53

44. "茯苓"和"土茯苓"有什么区别 /54
45. 为什么蘑菇会变色 /55
46. 毒蘑菇有价值吗 /56
47. 吃蘑菇中毒后可能会有哪些反应 /58
48. "毁灭天使"是什么样的蘑菇 /59
49. 中国哪些毒蘑菇比较有名 /60
50. 毒鹅膏菌是什么 /61
51. 毒蘑菇为什么不要乱碰 /62
52. 有没有冒充蘑菇的菌物 /63
53. 什么是木腐菌 /64
54. 什么是外生菌根菌 /65
55. 怎样选择优质的蘑菇 /66

第三章 那些最奇特的蘑菇

56. 恶魔雪茄是什么种类的蘑菇 /70
57. 鹿花菌有什么奇特之处 /71
58. 人们为什么不愿意吃"魔鬼的牙齿" /72
59. 马勃是怎样进行"自卫"的 /73
60. 你见过长得像火鸡尾巴一样的蘑菇吗 /74
61. 你见过通体蓝色的蘑菇吗 /75
62. 胡须齿菌有什么独特之处 /76
63. 哪种蘑菇被评为"最丑陋的蘑菇" /77
64. "蚂蚁路灯"是哪种蘑菇的昵称 /78
65. 为什么说我们对毒蝇伞熟悉而又陌生呢 /79
66. 松茸为什么被认为是世界上最贵的蘑菇之一 /80
67. 哪种蘑菇被誉为"可以吃的白色钻石" /81
68. "红笼子"是哪种蘑菇的别称 /82
69. 哪种蘑菇被视为"森林干湿计" /83
70. 白蛋巢菌的外形有什么特点 /84
71. 绣球菌有什么独特之处 /85

第四章 种出好蘑菇

72. 种蘑菇一般需要什么条件 /88
73. 你知道蘑菇的良种从哪里来吗 /89
74. 怎样防止菌种退化 /90
75. 栽完蘑菇,木材废料怎么处理 /91
76. 人工种植蘑菇有没有重金属污染问题 /92
77. 你了解中国蘑菇产业的发展现状吗 /93
78. 择好的蘑菇怎么保存 /94
79. 怎样保护神奇的蘑菇世界 /95

第五章 人类文明中的蘑菇

80. 人类的食菌历史有多久了 /98
81. 蘑菇是从什么时候开始进入人类文明中的 /99
82. 你了解中国蘑菇的种植历史吗 /100
83. "香菇祖师"是谁 /101
84. 法国人为什么偏爱松露 /102
85. 意大利人为什么喜欢白松露 /103
86. 为什么俄罗斯人喜欢"猎蘑菇" /104

87. 你了解中国的菌菜文化吗 /105
88. 文学作品中吟诵蘑菇的代表作有哪些 /106
89. 你了解蘑菇标本的采集和制作技巧吗 /107
90. 蘑菇会成为开发抗生素的新资源吗 /108

互动问答 /111

　　不论春夏秋冬,只要我们走进大自然,总能在不经意间发现蘑菇的身影。如果留意观察生活,就会发现蘑菇早已与我们的生活密不可分了。我们在厨房可以看到食用菇,在药店可以看到用作药材的菌类,在图画上可以看到各种有"艺术范儿"的蘑菇。蘑菇家庭真算得上是生物界中的一个大家族。蘑菇不但数量大,种类也很多,仅在中国,我们就发现了4000多种蘑菇,全世界的蘑菇种类之多就可想而知了。看到这里,你是否觉得自己一向熟悉的蘑菇,开始渐渐变得陌生起来了呢?现在,就让我们走进熟悉而又陌生的蘑菇世界,一起认识可爱的蘑菇吧!

第一章 认识可爱的蘑菇

1.你了解蘑菇的基本情况吗

"一把小伞,扎根林中,一旦撑开,再难收起。"这个谜语的谜底就是蘑菇。

蘑菇是蕈(xùn)类的通称,属于菌类的一种。它们虽然也长在地上,靠吸收土壤和腐叶的养料为生,但却不是植物。蕈类就是指那种个头大的、比较高等的真菌。菌类由菌丝体和子实体两部分构成,前者是营养器官,主要呈白色丝状并分布在地下。后者是繁殖器官,在温度和湿度适宜的环境中,当菌丝体获得了足够的营养成分后就形成了子实体。蘑菇虽然在构成上千篇一律,但它们的形态和种类却多得惊人。由于蘑菇的总量实在是太多了,因此人们一说起蘑菇,总会用到形形色色、形态各异之类的形容词。蘑菇不但外表奇特,它们的颜色也光怪陆离。蘑菇大家族中的成员良莠不齐:有许多蘑菇不但能吃,而且具有很高的营养价值;有些蘑菇虽然长相绚丽,但却带有剧毒,如果一不小心吃了这样的蘑菇,那可是要出人命的;有的蘑菇则具有治病救人的独特疗效。

大概正是因为不同的蘑菇在人类的生活中扮演着大相径庭的角色,所以人们才对蘑菇如此着迷吧!正确地认识、区别蘑菇,不但可以让不同的蘑菇发挥不同的作用,还有助于我们增加生物学知识,何乐而不为呢?

2.蘑菇的主要生物学特征是什么

不同种类的蘑菇，其成熟的子实体在大小、形状、颜色、质地和高矮等方面具有很大的差别，但都是由菌盖、子实层体（包括菌褶、菌管和子实层）、菌柄、菌托、菌环五部分组成的。

子实体上部好像一顶帽子似的那一部分就是菌盖。菌盖的形状因蘑菇种类的不同而各异，常见的有钟形、半球形、圆锥形、凸形、斗笠形和平展形等。菌盖的颜色也是五颜六色的，各有不同，有灰色、褐色、白色、红色、黄色、绿色、紫色和常见的混合色等。

菌盖下方产生子实层的部分就是子实层体，呈叶状的称作菌褶，呈管状的则称为菌管。

菌褶指的就是生在菌盖下面的皱褶部分，它们通常很薄，如果不把蘑菇翻过来，我们根本就看不到。菌褶的颜色会随着蘑菇的生长而渐渐地发生变化，在菌盖刚展开的时候，菌褶通常是白色的，等菌褶上的孢子渐渐长熟，菌褶就会变成不同的颜色。菌褶通常呈放射状排列，中心与菌柄的顶部相连接，向外则延展到菌盖的边缘。

菌管有长有短，有容易和菌肉剥离的，也有不容易剥离的，在颜色方面也呈多样性。

子实层主要分布在菌褶的两侧和菌管中，有担子和囊状体等遍布其中。

菌柄大多长在菌盖的中央，也有偏生或侧生的情况。菌柄有肉质的、蜡质的，也有纤维质的和脆骨质的。有的菌柄和菌盖不容易分离，有的则极易分离。菌柄的颜色多种多样，形状和长短也各不相同，有圆柱状和纺锤状的，也有棒状和杵状的。菌柄还有空心和实心的差异。

菌托是环绕在菌柄基部的一层或薄或厚呈囊状或杯状的膜，这层膜是子实体发育早期形成的，叫总苞或外菌幕。

菌环是菌盖边缘和菌柄连接处所覆盖的一层薄膜，为碎片或丝状物，通常环绕在菌柄上。

了解了蘑菇的生物学特征，我们才能更好地认识蘑菇。

3. 蘑菇是植物吗

在森林里，在房前屋后，在积满腐叶的树荫下，不经意间，我们总能看到蘑菇的身影。蘑菇不会吃东西、不会喝水，也不会移动，从这一点上，我们可以断定它们肯定不是动物，那蘑菇是植物吗？有的人总爱将蘑菇划入植物的行列，但蘑菇并不是植物。

蘑菇是独立于动物和植物之外的一种生物，它们是菌类。蘑菇也长在地上，也从土壤中吸收营养供个体生长，但无论怎么看，它们都和植物有着许多相似之处。那么，到底是哪些特点使蘑菇区别于植物呢？大多数植物都是绿色的，这是因为植物的叶片中含有大量的叶绿素，这些叶绿素的主要工作就是进行光合作用，将大自然中的无机物转化成有机物，以此促进植物的生长。但是蘑菇的体内根本就没有叶绿素，它们是由菌丝体结构组成的，属于真菌类生物。真菌类的生物也有不同于植物的细胞壁。

因此，蘑菇不能进行光合作用，只能靠分解土壤中的有机物来促进自身的生长。而且蘑菇在繁殖方面和植物也不尽相同，植物的繁殖方式有种子繁殖、孢子繁殖和无性繁殖，而蘑菇主要是通过产生孢子来繁殖后代的。不过，随着蘑菇种植业的不断发展，许多菇农都在用菌丝来栽培蘑菇。

4. 蘑菇是如何从"植物界"中独立出来的

在生物界中,最早出现的分类模式就是动物和植物两大类:能够进行新陈代谢并以有机物为食物的生物是动物;可以进行光合作用,吸收无机物以促进个体生长的生物是植物。这个分类是由瑞典生物学家卡尔·冯·林奈提出的,被称作"两界系统",但是随着生物学的发展,人们发现大自然的生物远非这两种分类可以概括的。

林奈在《植物种志》一书中,根据植物所开花的不同,将所有植物划分成24个纲目。这样一分,问题就出现了:那些不开花的植物到底属于哪一纲目呢?为了解决这个问题,林奈随便把那些不开花、不结果的"植物"归于自己划分的最后一纲中。如此一来,像苔藓、蘑菇及一些蕨类植物就都成了"第24纲"的成员。由于这些植物不开花,而且是用孢子繁殖的。因此,为了研究的方便,林奈将第24纲的"植物"称作"孢子植物"或"隐花植物"。其实,林奈所说的"孢子植物"中,有许多都不是严格意义上的植物。蕨类植物和苔藓可以进行光合作用,吸收二氧化碳和水,并制造有机物供应自体的生长,但是蘑菇就不同了,它们不含有叶绿素,根本就不能进行光合作用。既然不能进行光合作用,又怎能说蘑菇是植物呢?

自然界的生物可被划分为原核生物界、原生生物界、动物界、植物界和真菌界。由于蘑菇不能像植物那样自己制造养分,只能依靠腐生、寄生的方式生存,因此,之后的生物学家们就在林奈的研究基础上,把蘑菇归到了"真菌"一类。自此,蘑菇就彻底地从"植物大家族"中独立出来并自成一体了。

5.蘑菇有哪些别名

如果你来到蔬菜摊前,哪怕只是不经意地瞥一眼,也很容易就能看到蘑菇的身影,你甚至可能一下子就看到好几种蘑菇。作为我们常吃的一类蔬菜,蘑菇在世界上的许多国家都有广泛的栽培。蘑菇——这个大家都熟悉的名字,是具有明显子实体的菌类的泛称,因为世界各地文化因素的差异,还有许许多多其他的名字。

在古代中国,人们管蘑菇叫"蕈""蘑菰""麻菰"等。明代著名的医学家李时珍,在他的医学巨著《本草纲目》一书中,就对蘑菇进行过专门的记载。随着时间的推移,人们发现蘑菇不但可以吃,而且具有很高的营养和药用价值,于是许多人开始人工种植蘑菇。为了把人工种植的蘑菇同野生的蘑菇区别出来,人们把自己种的叫"蘑菇",把那些生长在森林里的叫作"菌子"。在中国的内蒙古大草原上,有一种生长在羊粪上的蘑菇,这种蘑菇营养价值极高,一直受到人们的喜爱,蒙古族人管这种蘑菇叫"口蘑"。气味清香、营养丰富的蘑菇当然并不只是中国才有,在很久以前,蘑菇的美名就在世界范围内家喻户晓了。由于人们对蘑菇的喜爱,现在它们又有了许多美名。东方人都知道蘑菇是"健康食品",日本人称其为"植物食品的顶峰",欧洲人将蘑菇称为"植物肉",美国人则将蘑菇称作"上帝的食品"。

在传统的料理中,中国人一向把菇类称为"山珍"。由此可见,蘑菇的美名在蔬菜中真的是不能低估啊!

6.蘑菇有哪些生态适应类型

在树林里或者草地上的潮湿角落里，我们经常会发现数株可爱的蘑菇！蘑菇的可爱之处大概就在这里吧！它们的生命力如此顽强，只要在潮湿的环境下就能生长，蘑菇的存在总是让看到它们的人们在不知不觉间心头一喜。

蘑菇通常生长在特定的区域和环境中，只要有适宜的温度和湿度，它们就能茁壮成长。因为不必通过光合作用来促进自身的生长，因此它们甚至在没有光的地方也可以生存。蘑菇有多种生态适应类型，其中"腐生""共生"和"寄生"最为常见。蘑菇可以分解植物有机残骸供给自身的生长。因此，那些有腐烂物质的地方，就是可以长出蘑菇

的地方。它们从腐烂的枝叶中汲取养分，不但自己长得高高的，而且分解、清除了大自然中的腐物，真可谓大自然中小小的"清道夫"。除了"腐生"之外，蘑菇还可以"共生"。好多蘑菇都能使自己的菌丝跟植物的根连在一起，以此达到与植物"共生"的目的，这样的蘑菇就是"共生真菌"。"寄生"是蘑菇的另一种生态适应类型，寄生真菌就像寄生虫一样，可以从活着的植物身上吸收营养供给自己的生长。有时候，我们会看到树活得好好的，但是树干上却长了一小片蘑菇，这些蘑菇就是"寄生真菌"。

正是因为蘑菇有如此之多的生态适应类型，所以我们在许多地方都能看到它们的身影。

7.双孢蘑菇是什么样的

我们在餐桌上经常会看到双孢蘑菇的身影,它们是常见的一种蘑菇。由于双孢蘑菇的销量很好,所以在蘑菇种植界,双孢蘑菇一直很受菇农的欢迎。

只听双孢蘑菇这个名字,我们实在想不出它们到底长什么样。那么,就让我们一起来了解一下双孢蘑菇到底是什么样的真菌吧!双孢蘑菇又叫"洋菇""白蘑菇",是世界上产量最多的一种食用蘑菇。因此,它还有"世界菇"的美称。双孢蘑菇的颜色通常比较单调,有非常接近的四种颜色:最常见的是白色,灰白色也比较常见,较深一些的颜色有淡黄色和褐色。在这四种颜色的双孢蘑菇中,白色双孢蘑菇是最受人们欢迎的。双孢蘑菇的肉质十分鲜美,再加上长相圆圆胖胖的,因此西方人给它们起了"纽扣菇"这个可爱的名字。双孢蘑菇主要分布在整个北温带地区,非常喜欢呼吸空气,但是和植物不同,它们不是吸收二氧化碳释放氧气,而是吸收氧气释放二氧化碳。

由于双孢蘑菇易于种植,产量较高,又深受广大消费者的喜爱,因此世界上许多国家都有很多人以栽培双孢蘑菇为业。中国的福建省是中国栽培双孢蘑菇最多的省份,其他地区的双孢蘑菇有许多都是从福建一带运来的。

8.你知道子囊菌是什么吗

真菌学家按照生物学分类的方法将蘑菇分为三大类："子囊菌门""担子菌门"和"接合菌门"。蘑菇作为真菌类生物,这种分类的依据是其产生孢子的方式的不同,我们常说的蘑菇主要是指有明显子实体的绝大多数"担子菌"和部分种类的"子囊菌"。现在,让我们来看看到底什么是"子囊菌"?

虽然蘑菇种类繁多,但是我们习惯上将蘑菇主要分成两大类。蘑菇大家族主要由"担子菌门"和"子囊菌门"组成,由于这两大家族的生物结构都非常复杂,所以生物学家将它们放在一起,称为"高等真菌"。据生物学统计,地球上大约有150万种真菌,"子囊菌"是真菌类生物中一大分类,在真菌中,子囊菌的成员绝非少数。有如此之多的种类,子囊菌的结构何其复杂,也就可想而知了。"子囊菌"之所以有这个名字,是因为这类菌的孢子是在一种叫作"子囊"的生物组织中诞生的。大部分子囊菌都生活在地上,以"腐生""寄生"和"共生"的方式获得养料,以促进自身的生长。

子囊菌类的真菌有许许多多的品种,它们的作用也不尽相同。例如冬虫夏草、块菌和羊肚菌都属于子囊菌,它们要么可以用于医药行业,要么可以用于酿造工业。总之,有各种各样的功用。

9.你知道担子菌是什么吗

"子囊菌""担子菌"和"接合菌"是按照蘑菇产生孢子的方式不同而划分出的三种蘑菇种类。在了解了"子囊菌"之后,让我们一起来认识一下"担子菌"这一蘑菇家族的重要成员。

在全世界数以百万计种类的真菌中,目前已知的形成子实体的大型真菌有28700多种,由于这些蘑菇要么可以食用,要么可以用于医药,要么带有剧毒,因此好好地研究各种蘑菇,区分它们的种类是十分重要的事情。要想彻底了解蘑菇,必须弄明白到底什么是担子菌,因为许多蘑菇都是担子菌的子实体。担子菌的子实体大小不一,其中有一些比雨伞还大,有一些则小到我们用肉眼根本就看不到,它们的形状也不尽相同,球形、扇形和伞状都是常见的形态。"担子菌"之所以有这个名字,是因为它最大的特点就可以长成担子和担孢子,在长成担子的过程中,菌丝体会发生一系列变化,形成一种非常特殊的名叫"锁状连合"的结构。担子菌在成熟的过程中,会生成两种不同的菌丝:一种叫初生菌丝,一种叫次生菌丝。其中,初生菌丝是一种单核菌丝,而次生菌丝则可以一直维持双核的状态。次生菌丝能够长期保持双核状态,这其实正是担子菌的最大特点。

由此可见,担子菌和子囊菌是有很大差别的,只有彻底地了解了蘑菇的分类,我们才算真正地认识了蘑菇。

10. 蘑菇有没有"种子"

如果要说蘑菇和植物有什么区别，除了蘑菇不会进行光合作用，不会开花之外，我们还不得不说一说蘑菇的繁殖。蘑菇和植物不同，它们是没有种子的。看到这里，有的读者可能要感到奇怪了，没有种子，那蘑菇是如何繁殖的呢？

其实，蘑菇的繁殖依靠的是孢子，真菌的一大特点就是用孢子扩散的方式进行繁殖。当然，孢子分为无性的和有性的两大类，当孢子开始萌芽的时候，一株蘑菇的生命就开始了。知道这些之后，可能有人又要问了：那什么是孢子呢？它长什么样？我们有没有见过它呢？其实，孢子并不是种子，而是生物为了繁殖而产生的一种细胞，孢子可以发育成新的个体，它是一种非常小的单细胞，我们只能借助显微镜才能看到它的模样。孢子有各种形状，生物学家们还依据孢子发育和结构的不同给它们起了不同的名字。孢子都有休眠的能力，一旦遇到有利的环境，就会生根发芽，形成一株新的生命。蘑菇的一株子实体可以产生十几亿个孢子，其中无性的孢子能自己生成菌丝体，然后自己成长，而有性的孢子就没那么幸运了，好多有性菌丝体都不得不和其他的菌丝体融合，才能生长发育。

孢子是生物学不得不研究的课题，它不但担负着蘑菇繁殖的必要角色，而且对于藻类、苔藓等生物来说，如果要繁殖后代，孢子也是必不可少的。

11. 蘑菇的"菌丝"是什么

在草原上、树林里、小山上、墙根处，我们都能在不经意间瞧见蘑菇的身影。蘑菇之所以随处可见，这可离不开孢子扩散的功劳。孢子和菌丝体都是蘑菇的重要组成部分，有些人认为菌丝只是蘑菇的细胞，这是为什么呢？让我们走近菌丝，了解一下它对蘑菇的生长和发育到底起着怎样的作用吧！

大多数真菌的结构都离不开菌丝。菌丝是一种管状的、单条的丝状结构。根据菌丝间有无间隔，可以将菌丝分为两大类：一类是无隔菌丝，另一类是有隔菌丝。如果菌丝之间没有横隔壁，那它就是无隔菌丝了，无隔菌丝被生物学家视为一个单细胞，许多低等真菌的菌丝都是这种。如果菌丝之间有横隔壁，那就是有隔菌丝，许多高等真菌的菌丝都是有隔菌丝，蘑菇的菌丝就是有隔菌丝，这也是蘑菇被定义为高等真菌的一个依据。

根据菌丝生长情况的不同，可以把菌丝分为三种：基内菌丝、气生菌丝和孢子菌丝。基内菌丝具有吸收养料和水分的功能，和植物的根有相同的作用，这种菌丝又叫营养菌丝；在基内菌丝的基础上向外延生的放线菌菌丝就是气生菌丝；气生菌丝生长到一定程度，就会形成孢子，这就是孢子菌丝了。

在一株小小的蘑菇体内，菌丝聚集在一起形成菌丝体，菌丝体不断地向外伸展自己的手脚，不停地吸收营养让蘑菇快快生长，让蘑菇结出孢子，再长出其他新的蘑菇。由此可见，菌丝体作为蘑菇的营养体，对于蘑菇而言真是太重要了！

菌丝

12. 蘑菇的子实体是什么

想知道蘑菇在生物学上到底是怎样一种东西，我们必须要弄清楚"子实体"这个概念。到底什么是子实体？子实体对蘑菇而言又意味着什么呢？现在让我们一起来解开这些谜题吧！

虽然子实体这个名字听起来很陌生，但我们对蘑菇的子实体却是十分熟悉的。蘑菇的子实体，指的就是我们看到的蘑菇露出土壤或者腐木枯叶等基质的部分。蘑菇除了有子实体之外，在土壤或者腐木枯叶等基质下还埋着白丝状的、到处蔓延的菌丝体，这些菌丝体能够从基质中吸取养分，供给蘑菇的生长，形成子实体。在蘑菇刚长出来的时候，子实体像个鸡蛋一样露在基质外，没过几天就会慢慢绽开，长成不同的形状。成熟的子实体包括菌盖、子实层体、菌柄、菌托和菌环等。在高等真菌中，子实体是产生孢子的物质，由气生菌丝生成的。蘑菇主要包括具有子实体的绝大多数担子菌和少数子囊菌，担子菌中的子实体就是担子果，而子囊菌中的子实体叫子囊果。所有的子实体都有一片子实层，子实层是一种能够产生孢子的组织，相当于蘑菇的"孕婴床"。

不同的蘑菇有不同的子实体，各种蘑菇的子实体在颜色、尺寸上有很大的差别，通过对子实体的辨认，可以让我们清清楚楚地区分不同种类的蘑菇。

13.子实体有哪些形态

在大自然中,蘑菇的外形千奇百怪,子实体是蘑菇的主要组成部分,蘑菇不同,子实体也是形态各异。如果你觉得所有的蘑菇,都长得像一把撑开的小伞,那么就说明你需要仔细地了解一下子实体的形态分类了。

不可否认的,在我们所熟悉的蘑菇中,绝大多数都长得像一把小伞。这种子实体的形状像伞的菌类就叫伞菌。但是,除了伞菌之外,还有其他的许多菌类,它们的子实体形状一点儿也不像伞。对于那些子实体形状不像伞的菌类,根据子实体形状的不同来对它们进行分类,大致可以分为褶菌类、非褶菌类、胶质菌类、腹菌类和子囊菌类五种。褶菌类指的是子实体有菌褶的菌类,香菇就是这种菌类。非褶菌类指的是没有菌褶的菌类,灵芝就是非褶菌类。胶质菌类指的是拥有胶质子实体的菌类,木耳就属于胶质菌类。那些子实层包裹在真菌体内的菌种就叫腹菌类,马勃就属于腹菌类。子囊菌指的是孢子生长在子囊内部的菌种,冬虫夏草就属于子囊菌。

了解了子实体的形态分类,以后再看到菌类的身影,我们就可以根据各自不同的特征给它们分类了。

14. 你认识蘑菇的菌盖吗

菌盖就像蘑菇头上的一顶小帽子，是子实体最明显的部分。但是蘑菇的菌盖并非只有小帽子这一种形状，而且，菌盖的构成也是十分复杂的。除了像帽子之外，菌盖还有伞形、钟形、半球形及漏斗形等多种形状。

单看外形的话，有的菌盖周边非常圆滑，有的菌盖则呈现波浪形，还有一些菌盖呈现一副被撕裂的样子。如果把所有蘑菇的菌盖放在一处，一定会看得大家眼花缭乱。蘑菇的菌盖不但样式很多，而且其组成也极为复杂。蘑菇的菌盖由表皮、菌肉和产孢组织三部分组成。菌盖的表皮也有很多种，有的很光滑，有的则布满了皱纹，看起来十分粗糙。蘑菇之所以会呈现出五彩缤纷的颜色，秘密就在菌盖的表皮层上。菌盖表皮层上的菌丝含有不同的色素，这些色素就决定了蘑菇的颜色。菌盖表皮之下就是菌肉了，有的菌肉是由丝状的菌丝组成的，有的则由泡囊状的菌丝组成。要想看到蘑菇的菌褶，就必须把菌盖翻过来，那些像百叶窗一样整齐排列的薄膜状物质就是菌褶。

在认识菌盖之前，我们也许只是觉得它长得像一顶帽子。了解之后才发现，原来小小的菌盖中竟然藏着这么多的知识。

15. 蘑菇的菌柄是什么样的

同菌盖一样,大多数人对菌柄也不陌生。如果把菌盖比喻成一把小伞,那么菌柄就好比撑起这把小伞的伞把。

虽然乍一看,菌柄只是一根不起眼的棒子,但是它有支撑菌盖的作用,而且菌柄结构的复杂程度绝对不比菌盖低。要了解菌柄的情况,就需要我们由外到内一步步去认识。从外在形状看来,许多菌柄呈现圆柱形、棒形和纺锤形。菌柄的表面分布着很多纹络,不同品种的蘑菇,其纹络也不尽相同,这些纹络有的像一条条小细沟,有的像整齐排列的鳞片,有的则很光滑。如果把菌柄切开的话,你就会发现不同种类蘑菇的菌柄也不尽相同。有的菌柄是空心的,有的则是实心的,全是结实的菌肉。菌柄不但有空心、实心之分,其质地也大相径庭,有的菌柄是肉质的,有的是脆骨质的,有的则是蜡质或者是纤维质的。对于菌柄来说,它最大的任务就是支撑菌盖,为其源源不断地输送养料,促进菌盖的成熟,让菌盖生出孢子。

生物学家还根据菌柄与菌盖位置上的关系,将菌柄分为中央生、偏生和侧生三种。菌柄生在菌盖中央的蘑菇比较多,草菇就是其中的一种;香菇的菌柄则属于偏生;而平菇的菌柄则属于侧生。

菌柄

16.蘑菇的菌托是什么

"菌托"有根据它的外形取名的意味。"托"就是托举的意思,也可以理解为托盘。接下来,让我们一起根据菌托的属性来验证一下,人们给它起的名字到底合不合适吧!

在生长发育早期,蘑菇的子实体外面,往往会蒙着一层或厚或薄的膜,这层膜有一个专门的名字,叫作"总苞",也叫"外菌幕"。在蘑菇的子实体渐渐成熟的过程

菌托

中,薄薄的外菌幕往往会逐渐消失,等子实体彻底成熟了,就再也看不到外菌幕的影子了。但是,如果那些菌类的外菌幕长得比较厚,即使子实体成熟了,外菌幕也不会消失,而是会遗留在菌柄的底部,形成一个像小袋子的东西,这就是菌托了。菌托的上缘有不同的形状,有的比较整齐,有的则呈现波状或是开裂状。由于菌托环绕着子实体而生,因而它的形状大多呈现杯状、环状,有的菌托很不明显,看起来就像是由几圈细小的颗粒组成的。

总之,对于不同种类的蘑菇来说,它们不但菌盖和菌柄不同,菌托也不尽相同。正是因为如此,菌托才成了区别不同种类蘑菇的重要特征之一。但是一定要注意,我们不能用蘑菇有没有菌托来判断它是否可以食用。

菌环

17. 蘑菇的菌环是什么

在蘑菇的所有构成部分中，菌环与菌托的关系最为密切，说菌环和菌托像一对孪生兄弟也不为过。那么，菌环到底是什么东西呢？

在介绍菌托的时候，我们提到过外菌幕，如果要说明白菌环是什么东西，我们不得不先介绍一下内菌幕。内菌幕就是，某些菌类的子实体在其生长发育期，连接菌盖的边缘和菌柄之间的菌褶上覆盖的那一层膜。蘑菇的种类不同，这层内菌幕膜的厚薄程度也不相同。当蘑菇的子实体逐渐长大的时候，菌柄会慢慢向上伸长，菌盖也像一把小伞一样逐渐张开了，与此同时，蘑菇的内菌幕就会被拉破。内菌幕破裂之后，就与菌盖分开了，这时往往会在菌柄上留下一个圆环状的物质，这个就是菌环了。也就是说，菌环其实就是曾经的内菌幕。蘑菇的菌环大多长在菌柄中部，也有少数蘑菇的菌环很不安分，可以脱离于菌柄，环绕菌柄上下移动，这就是"可动菌环"了，高环柄菇就是"可动菌环"菌类的代表。

但是并非所有蘑菇都有菌环。在担子菌中，如毒伞菇和毒蝇伞，它们既有菌环又有菌托，而像蜡伞和长根菇这样的担子菌既没有菌托也没有菌环。

18. 蘑菇的菌褶和菌管是什么

除了菌盖和菌环之外，菌褶和菌管也是蘑菇的重要组成部分。

蘑菇的子实层体指的就是长在蘑菇的菌盖下面可以产生子实层的部分。蘑菇的子实层体有不同的形状，有的像叶片状的薄膜整齐地排列着，有的则像一条一条细细的小圆管一样整齐地分布着。像叶片状的子实层体就是菌褶，而呈现管状的子实层体就是菌管。菌褶的中间是菌髓细胞，两边则是子实层。菌褶的排列非常整齐，从菌柄中心向外延伸，一直长到菌盖的边缘，整体的排列就像伞的支架一样呈现放射状。有的蘑菇，菌褶彼此之间被窄小的横脉连接起来，而像鸡油菌这样的蘑菇，它的菌褶则纵横交织着形成一张网状。菌管的排列也相当整齐，菌管是管状的组织，有的菌管彼此之间很容易分开，有的则不能分开。不同的蘑菇，其菌管也不尽相同，有的菌管很细很长，有的菌管则又粗又短。菌管也大多呈辐射状排列。

生物学家往往根据菌褶、菌管与菌柄的着生关系来区分蘑菇的类属。不过，正如蘑菇的形状会随着子实体的生长而发生变化一样，菌褶、菌管和菌柄之间的位置关系也不是一成不变的。

19. 你知道蘑菇有奇妙的警戒色和保护色吗

在生物界，许多动、植物都会用警戒色和保护色来保护自己，以防被天敌发现。殊不知，不但动、植物有这种能力，蘑菇也有这样的天分。

自然界的蘑菇多种多样，许多蘑菇都拥有十分绚丽的颜色，它们甚至还会根据环境的不同来改变自己的色泽。蘑菇们如此耗尽心机地更换衣装，完全是为了与环境融为一体，以便遮人耳目，达到隐藏自己的目的。就拿茶耳来说吧，它们长在油茶树新长出的枝条上，亮晶晶、胖乎乎，看起来和茶树叶子一模一样，即使有经验的采茶人也会被蒙骗，但是它们并不是茶叶，而是一种味道甜美的真菌。除了茶耳外，白耙齿菌也是蘑菇家族中的变装高手，白耙齿菌长得很像虫子，它们通常在雷雨过后生长繁衍。白耙齿菌看上去和毛毛虫一个模样，它们甚至还长有绒毛和触角，特别能以假乱真。有意思的是，还有一些蘑菇，它们一点儿也不注意低调地隐藏自己，而是反其道而行之。它们的颜色十分绚丽耀眼，与周边的环境形成强烈的对比。这种蘑菇似乎是在故意提醒其他生物："我就在这里哦！"但是，我们必须得了解，这种颜色艳丽的蘑菇很多都是有毒的，它们这种绚烂的颜色恰恰能起到警戒的作用，如毒蝇鹅膏鲜艳的外表下掩藏着其剧烈的毒性。不过并不是所有艳丽的蘑菇都有毒，像橙盖鹅膏、双色牛肝菌、正红菇都是既美貌又美味的食用菌。而色泽莹白的白毒伞则是名副其实的毒蘑菇，颜色并不是判别蘑菇有毒与否的唯一标准。

蘑菇的保护色或警戒色，都是蘑菇保护自己不受侵犯的生存方式的体现。

20. 蘑菇与其他生物的关系怎样

在自然界的生态系统中，不同的生物之间以各种吃与被吃的关系而形成食物关系的顺序就是食物链，一般包括捕食链、腐食链和寄生链三部分。你知道在食物链中，蘑菇充当着什么角色吗？

我们已经知道，蘑菇是真菌的一种。在生态系统中，植物相当于生产者，而动物吃植物，属于消费者之列，真菌既不是生产者，也不是消费者，它们和细菌一样，充当的是分解者的角色。生态系统中的生产者与消费者在生存的时候或是死亡之后会形成许多废物，这些废物属于有机物之列，它们落在土壤里或林木上或落叶中，形成了纤维素、木质素及淀粉等不同的基质。这些基质首先会被一些小的生物或是虫子啃食，剩下一些难以分解的部分，就要细菌和真菌出面进行继续分解了。这些遗留下来的难以分解的基质就是各种细菌和腐生真菌生存的温床。腐生真菌最主要的工作任务就是分解这些物质，将这些有机物进行降解，使它们成为植物的根系可以直接吸收、利用的无机成分。正是因为如此，生物学家才说菌类不但是分解者，还是植物营养的供应者。

假如没有真菌和细菌，那么腐烂的植物、动物的残骸由谁来分解呢？如果所有的有机物都没有被分解，那么地球不就一天一天地变成一个巨大的垃圾堆了吗？可想而知，蘑菇与其他生物的关系是十分密切的。

蘑菇被中国古人誉为"山珍",可见在人们心目中,蘑菇是一种非常美味而稀缺的食材。但是,自从人类开始食用蘑菇以来,蘑菇中毒的事件也时有发生。于是人们对蘑菇的喜爱中,渐渐地掺杂了畏惧的因素。于是人们不得不思考一个问题:到底什么样的蘑菇可以吃呢?

接下来,我们将逐个介绍蘑菇家族中最常见的成员。当你真正了解了它们,那么哪些蘑菇是有益的、可以食用的;哪些蘑菇是有毒的、需要避而远之的就不言自明了。现在,就让我们一起走进蘑菇的世界,好好地认识一下"好蘑菇"和"坏蘑菇"的真实面目吧!

第二章 那些可以吃的蘑菇

21. 昆虫的喜好能告诉我们哪些蘑菇可以食用吗

在菜市场买菜的时候，许多人喜欢挑选那些被虫子咬过几口的青菜。因为他们相信，如果青菜被虫子咬过，说明菜农在种菜的时候没有喷洒农药。用这种办法有时的确可以选出没有喷洒过农药的青菜，但是，如果用同样的方法选蘑菇，却不一定可以选出无毒的蘑菇。

并非所有的蘑菇都可以食用。但是到底如何区分蘑菇有没有毒，人们却有不同的说法。许多人都觉得，如果一种蘑菇被昆虫咬过，那么这种蘑菇肯定是无毒的，可以放心食用。但是这条经验真的可靠吗？在神奇的大自然界中，什么事都可能发生，有许多昆虫，比如帝王蝶的幼虫，就是以有毒的植物为食的。吃蘑菇的昆虫大致可以分为两类：一类昆虫是真的吃蘑菇，我们把它们叫作咀嚼类昆虫；另一类昆虫则是靠其体内的化学物质腐蚀和溶解蘑菇后再食用。鞘翅目昆虫大都是咀嚼类的昆虫，它们直接把蘑菇咬下来，吞进肚子里，蕈甲、蕈蚊就是此类吃蘑菇的昆虫的代表，被这些昆虫吃过的蘑菇大多是无毒，可食用的。但是，如果蘑菇是被变成蛾的衣蛾或是蛆虫食用过的

话，那这种蘑菇就往往是有毒的，它们不是直接地吞食蘑菇，而是运用体内的化学物质将蘑菇溶解成粥状再进食，它们尤其钟爱那些令人惧怕的毒蘑菇。

由此可见，并非被昆虫食用过的蘑菇都是无毒的，想要判断一种蘑菇有没有毒，我们还得依靠生物学上的专业知识。

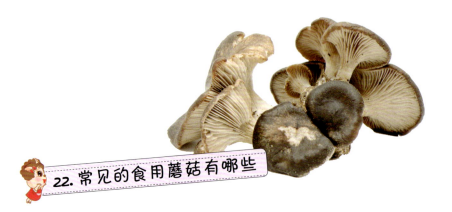

22. 常见的食用蘑菇有哪些

广义地讲，食用蘑菇指的是一切可供食用、药用的真菌的统称。而狭义的食用蘑菇指的则是可供人们食用的大型真菌。那么，常见的食用蘑菇到底有哪些呢？

不管是森林里的猴头菇、木耳、松茸和牛肝菌之类的木生菌，还是生长在田间小径或是草原上鲜美的草菇、口蘑等草生菌，都是营养价值高且深受人们喜爱的食用蘑菇。世界上目前已知的28700多种大型菌类中，其中可供食用的有2000多种。但是，并不是所有能吃的蘑菇我们都吃得到，因为在这2000多种可食用蘑菇中，只有少数种类能够大面积人工栽培。现在，菇农已经开始用人工培养的菌丝种植蘑菇了，这大大提高了食用菌的繁殖速度和产量。灰树花、猴头菌、羊肚菌、牛肝菌、杏鲍菇、茶树菇、鸡油菌、松露、松茸、姬松茸、平菇、草菇、竹荪等都是常见的食用菇，而其中栽培最广泛的要数平菇、黑木耳、香菇、草菇、金针菇、金耳、银耳等食用蘑菇了。在人工栽培的蘑菇中，杏鲍菇、白灵菇、松茸等都属于比较珍稀的品种。人工栽培的蘑菇，不但有可以食用的蘑菇，还有许多具有极高的药用价值，比如冬虫夏草、茯苓和灵芝。

我们平时吃的蘑菇，大多是人工栽培的，那些采自野外的可食用菇产量少，而且价格十分昂贵，相信随着科技的发展，一定会有更多种类的野生可食用菇被纳入人工栽培的行列。

23. 猴头菇为什么被称为"胃肠保护伞"

人们之所以喜欢食用蘑菇，其味道鲜美自不待言，更多的原因是许多蘑菇具有极高的营养价值，对我们的身体很有益处。就拿猴头菇来说，中国古代就有"山中猴头，海味燕窝"的说法，现代人更是将其誉为"胃肠保护伞"。如此赞誉，对于一种蘑菇来说，会不会言过其实呢？

猴头菇是一种生长在深山中的大型肉质菌，它们对自己的生活环境很挑剔，喜欢长在阔叶木的断面或是树洞里。在刚开始生长的时候它们通常是白色的，等到长成熟之后就会变成黄棕色，而且毛茸茸的，看起来就像金丝猴的脑袋，人们因此给它起了形象的名字。猴头菇是一种非常鲜美的山珍，虽然是素食，但是却比肉食还要美味。猴头菇的营养价值极高，这种蘑菇所含的氨基酸足有 16 种之多，其中 8 种都是人体必需的。除了富含氨基酸之外，猴头菇还含有多种维生素和许多矿物质成分。除了营养价值外，猴头菇还含有许多药用成分，食用猴头菇对消化不良、肠胃不适的人很有帮助。

除此之外，猴头菇富含许多糖类物质，这些物质对抑制癌细胞的滋生很有作用。猴头菇具有如此之多的功能，难怪人们对它赞美有加！

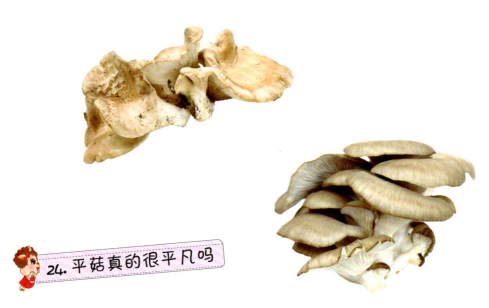

24. 平菇真的很平凡吗

平菇是我们经常食用的一种蘑菇,平时,人们喜欢把许多蘑菇都叫作平菇。被称为平菇的菇种有40多种,但其中只有十几种是可以食用的。那么,平菇到底平不平凡呢?

从生物学上来讲,平菇这一称谓专指糙皮侧耳一类的蘑菇。在中国,主要有以下几种菇种被称作平菇:姬菇,以及各种侧耳类菇种。姬菇又叫"小蘑菇",是从日本引进到中国的一种新型食用菌种,它还有一个名字,叫"玉蕈"。许多侧耳类菇种都被人们统称为平菇,之所以这么叫,是因为平菇的菌盖呈现出扇状,看上去平平的。在古代,平菇是只有宫廷贵族可以享用的山珍名品,平常百姓根本吃不上。从这种意义上来讲,平菇是相当"不平凡"的。但是随着生物科技的发展,人们开始大面积栽培平菇了,并且随着种植技术的进步,其产量也在迅速提高。市场上的平菇供应渐渐变多了,平菇这才脱掉华丽的外衣,走上了老百姓的餐桌。如此说来,平菇的名字才有了"平凡"的意味。

平菇的肉质很鲜嫩,吃起来爽滑可口,和牡蛎的味道有点类似,深受人们喜爱。平菇生命力顽强,只要环境适宜,比任何食用菌生长速度都快。所以,原本高贵的侧耳,就逐渐成了平凡的蘑菇。

25. 金针菇与金针菜是"亲戚"吗

金针菇也是我们常见的一种食用菌，这种细细的蘑菇清香扑鼻，味道鲜美，易于烹饪。金针菇和金针菜的名字有些相似，那它们是否有些"亲戚"关系呢？

金针菇是蘑菇家族中最苗条的成员之一，它的菌柄细细长长的，顶着一个豆粒大小的菌盖，由于外形细长，人们给它起了个形象的名字——"金针菇"。其实，金针菇和金针菜根本就没有亲戚关系，金针菇属于菌类，而金针菜则是名副其实的植物。金针菇的大名叫"绒柄金钱菌""毛柄小火菇"，是生长在木质上的腐生菇，喜欢生长在榆树、柳树、白杨等阔叶木的枯干或树桩上。野生环境下的金针菇并不像我们所常见的金针菇那样弱不禁风，它们要比我们餐桌上的金针菇粗壮一些。我们常见的金针菇更细更白，是人工栽培的。

金针菇不但可以做餐桌上的美味，还是一种非常有价值的保健食品。金针菇中富含钾元素，氨基酸的含量则大大高于其他菇类，赖氨酸的含量更高。赖氨酸有益于促进少儿的智力发育，因此金针菇又有"益智菇"的美名。除此之外，金针菇还能提高人体的免疫力，促进人体新陈代谢，提高人体对各种营养物质的吸收。因此，多吃金针菇对人们是非常有益的。

26. 银耳为什么被誉为"菌中之冠"

耳是一种非常滋补的菌类，在古代，银耳非常名贵。现在一说到银耳，人们总是将其与各种汤类联系在一起，如冰糖红枣银耳羹、木瓜银耳雪蛤羹都是非常滋补的汤品。现在让我们一起看看银耳到底有什么营养价值，以至于获得"菌中之冠"的称号呢？

银耳是一种生长在枯木上的真菌，属于胶质菌类，它的颜色雪白，因此有了白木耳、雪耳和银耳的称号。一整株银耳看起来圆圆的，再加上色泽纯净、口感润滑，一直深受人们青睐。但是银耳有"菌中之冠"的美称，却不是仅仅因为它有美丽的外形和滑爽的口感。说起银耳的好处，那可真是数也数不尽，银耳有开胃补脾、清肠益气、润肺滋阴的功效。除此之外，还可以增强人体的抵抗力，最适合体质弱的人食用了。

银耳是中国的特产，它的发源地在四川，野生的银耳在中国各地都有。随着现代生物科技的发展，人工栽培银耳的技术不断提高，银耳这种古代的奢侈品逐渐成为寻常百姓家也可以享用的一种常见食用菌，"中国食用菌之都"古田是现在中国人工栽培银耳的主要产区。

27. 木耳为什么被称为"中餐中的黑色瑰宝"

木耳是我们很熟悉的一种食用菌，更是中国家庭餐桌上的常客。木耳营养丰富，口感嫩滑，素有"素中之荤"的美誉，有人甚至将其称作"中餐中的黑色瑰宝"。到底是什么特质使得木耳享此殊荣呢？

木耳属于担子菌的一种，它浑身呈棕褐色或黑褐色，属于子实体是胶质的菌类，摸起来软软的，外形又像一个个半圆形的小耳朵。野生的木耳喜欢密集成丛状生长在腐朽的树木上，或者榆树、杨树、栎树、榕树和洋槐树等阔叶树上，针叶类的冷杉也是木耳喜欢栖居的树种。中国的大部分区域都有野生木耳的生长，以东北地区的野生木耳品质最佳。

　　木耳也是一种药食两用的食用菌。木耳的味道很鲜美,吃起来很像鸡肉。因此,许多地区又把木耳叫作"树鸡"。木耳不但长相独特,而且富含蛋白质、糖类、多种维生素,具有清洁肠胃及润肺活血的功效。现代营养学家通过研究得出这样的结论:木耳的营养价值绝对不逊色于肉质食物。

　　正是因为木耳不但营养价值高,而且与各种食材搭配一处都很和谐,因此,中国人做菜的时候,总喜欢放上一些木耳。这就难怪木耳被人们称为"中餐中的黑色瑰宝"了。

28. 你知道香菇的身世吗

作为菌类家庭中的一员,香菇的味道十分鲜美,香气宜人,受到很多人的喜爱。那么,就让我们一起来了解一下香菇的身世吧!

香菇也称香蕈、花菇、椎耳,或者香信、厚菇。子实体大小不一,有单生的,也有丛生和群生的。菌盖呈扁平球形,表面呈深浅不一的褐色,喜欢生长在阔叶树倒木上。香菇是中国的特产,也是世界上第二大食用菌,野生香菇在中国大部分区域都有生长。香菇中含有十多种氨基酸,还含有丰富的维生素和矿物质,在民间香菇还有"山珍"之称,被誉为"菇中之王"。香菇的宜人香味主要来自香菇酸分解而生成的香菇精,香菇除了可供食用、药用之外,还含有水溶性的调味物质,是一种相当不错的调味品。

早在800年前,中国人就已经开始人工栽培香菇了,南宋时期有人写了一本《龙泉县志》,上面详细地记载了人工栽培香菇的过程。内容虽然不足200字,但在香菇的栽培史上,却具有划时代的意义。后来有人将书上的文字转摘到《广州通志》中,一个名叫佐藤成裕的日本农学家在此基础上整理出了日本栽培香菇的第一本书,开始按照中国人的方法在日本进行香菇的人工栽培。

香菇有许多品种,在人工栽培的香菇中,按照香菇个头的大小可以将它们分为大叶、中叶、小叶三种;根据香菇生长季节的不同,又可以将其分为春菇、夏菇、秋菇、冬菇。现在,中国生产的香菇已经远销海外了。

29. 鸡㙡为何被视为食用菌中的珍品

鸡㙡菌，也称伞把菇、夏至菌、鸡肉丝菇、豆鸡菇、白蚁菰，被人们视为食用菌中的珍品。

鸡㙡菌的子实体中等偏大。菌盖随着生长时期的变化而呈圆锥形、钟形和斗笠形不一，表面通常是灰褐色、褐色、灰白色或者浅土黄色的，成熟后的鸡㙡菌的菌盖通常呈辐射状开裂，或者边缘翻起。夏秋时分，在田野里、山地中、草坡上或者阔叶树林中常常可以看到单生或者群生的鸡㙡菌的身影，而且鸡㙡菌有个显著的特点就是和白蚁共生。

中国野生的鸡㙡菌主要分布在东南部和西南部的大部分省区，在浙、苏、闽、琼、两广和台湾，以及川、贵、滇、藏等地区都可以看到野生的鸡㙡菌。其中，云南所产的鸡㙡菌品质尤佳，最负盛名。

鸡㙡菌的肉质非常细嫩鲜美，菌香浓郁，而且营养很丰富，含有大量蛋白质、氨基酸、维生素和各类矿物质。既有极高的食用价值，还有很大的药用价值，而且也可以作为调味品。中国人采摘和食用鸡㙡菌的历史悠久，在李时珍《本草纲目》一书中曾经记载过鸡㙡菌具有"益胃、清神、治痔"的药用效果。

30. 竹荪为什么能被称为"菌中皇后"

在蘑菇大家庭中，有一种特立独行的菌类，它的形状非常独特，长得跟寻常蘑菇的样子似乎就不沾边儿，因此骗过了许多人的眼睛。这种奇特的真菌就是竹荪，也叫竹笙或者竹参。虽然长得一副奇特模样，但是竹荪却有"菌中皇后"的美称。在世界上很多国家和地区，都有竹荪的分布，而竹荪在中国的生长区域也十分广阔，在西南省区分布较广，品质最优。

因为模样独特，再加上寄居在枯竹的根部，因此，许多人都把竹荪误认成竹膜或竹树。竹荪的模样很可爱，它像一个穿着白色纱裙的俏丽姑娘，长着雪白的菌柄，菌柄上顶着洁白飘逸的菌裙，菌裙上长着一颗墨绿色的小脑袋。人们形象地把它称为"雪裙仙子""菌中皇后"。竹荪不但长相俏丽，而且历来被视为珍奇罕见之物，人们把竹荪、猴头菇、香菇、银耳并称为"四珍"，竹荪则位列四珍之首。

野生的竹荪对其生长环境很挑剔，在中国的四川、云南、贵州等地，只有在深山的竹林中才能找到少量竹荪的身影，而且竹荪的生长期间很短，如不及时摘下，它们很快就会凋谢。由此可见，野生竹荪是非常难得的。在古代，竹荪更是被奉为贡品。

竹荪之所以会有"菌中皇后"的美名，不仅仅是因为它长得漂亮，更多的是因为它具有很多其他菌类无法匹敌的丰富营养和鲜美独特的滋味。

31."菌中新秀"指的是哪种蘑菇

鸡腿菇,又名鸡腿蘑、刺毛菇、毛头鬼伞,它的外形酷似鸡腿,菇体洁白美观,菇肉细腻,吃起来又有鸡肉的味道,因而人们形象地称其为鸡腿菇。鸡腿菇还有"菌中新秀"的美称,之前人们并没有开始大量地食用鸡腿菇,现在它却成为餐桌上的常客,备受人们喜爱,那么鸡腿菇到底"新"在哪里呢?

在春夏之际的雨后,田野中、道路旁甚至茅屋屋顶上都能看到鸡腿菇的身影,但是最初人们不确定这种蘑菇是否有毒,所以也就不敢随便采摘食用了。鸡腿菇的适应力很强,能够在腐草、粪便和土壤中生存。鸡腿菇虽然味道鲜美、营养丰富,但是却有许多品种都不能食用,即使是能吃的鸡腿菇,如果保鲜不好,采摘后也可能产生毒素,人吃后会有轻微的中毒现象。在20世纪中后期,西方的许多国家已经开始进行鸡腿菇的人工栽培了,随后中国人也成功地栽培了鸡腿菇。

鸡腿菇的蛋白质含量非常丰富,脂肪含量却极低,还含有多种氨基酸、维生素、矿物质和糖类,既是一种营养丰富的食用菌类,又在药用领域大展拳脚,具有强健脾胃、清心安神和治疗痔疮的效用。

当鸡腿菇被推向市场之后,人们很快就喜欢上了这种味道鲜美、营养价值极高的菌类,于是鸡腿菇就成了可食用菌和药用菌中的新秀,开始走进了人们的日常生活中。

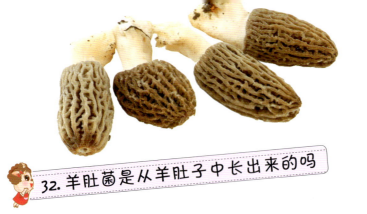

32. 羊肚菌是从羊肚子中长出来的吗

羊肚菌,也叫羊肚蘑、羊肚菜、羊蘑,属于子囊菌类,是一种非常珍贵的菌种,它不但味道鲜美、营养丰富,而且还有极高的药用价值。人们给这种真菌取名为"羊肚菌",难道它们是从羊肚子里长出来的吗?

其实,羊肚菌是因其容貌而得名的。羊肚菌的子实体中等偏小,菌盖呈不规则的圆形,通常呈黄褐色,菌盖上布满了褶皱的网状纹络,这些纹络凹凸不平,看起来像羊肚。因此,人们给它起名为羊肚菌。羊肚菌菌柄通常是中空的,呈白色,有的表面光滑,有的表面则有凹槽。羊肚菌是人们在1818年发现的,这种真菌主要是野生的,直到20世纪60年代人类才成功地发酵出羊肚菌的菌丝体。20世纪80年代,美国在世界上首次室内栽培成功羊肚菌的子实体。世界上很多国家和区域都有羊肚菌分布,中国的大部分省市也分布着野生的羊肚菌。野生羊肚菌有单生的,也有散生和群生的。河流旁、道路边、草地上、森林里、火烧地上都可以看到它们的身影。除了寒冷的冬季以外,其他季节都是野生羊肚菌生长的时段。

羊肚菌不但是珍贵的菜肴,还是大名鼎鼎的上等补品。明代医学家李时珍的《本草纲目》一书便有中国关于羊肚菌的最早记载。羊肚菌含有丰富而优质的蛋白质,富含人体所需要的多种氨基酸和矿物质元素,其中钾、铁、锌的含量甚至比冬虫夏草、猴头菇高出好多倍。在中国民间还流传着"年年吃羊肚,八十照样满山走"的说法。

33. 兰花菇和草菇是不是同一类蘑菇

草菇,因为喜欢长在潮湿腐烂的稻草里,所以在名字里有了一个"草"字。草菇的菇身很大,子实体呈钟形,中间部分凸起,菌盖的颜色呈灰色或者灰褐色,菌柄通常是白色的,带着较大的菌托,菌肉肥厚,口感爽滑,味道鲜美,有"兰花菇""美味包脚菇"等别称。

草菇原产于中国,野生的草菇主要分布在华南各省区,因为它们喜欢高温潮湿的气候,所以热带和亚热带地区就是草菇的天堂。人工栽培草菇在中国已经有300多年的历史了,虽然目前东亚、东南亚的许多国家也都引进并种植草菇,但是中国的草菇产量在世界上是最高的。

草菇能够在两三周的期限内迅速长成,再加上自身营养丰富,因而一直是菇农种植的首选。有史料记载,草菇的发源地在中国,距今已有几百年的历史,许多古书上都记载过人工培植草菇的过程和方法。草菇原本只是江南一带的一种野生菌种,它们长在腐烂的稻草上,第一次采摘并食用草菇的是南华寺的僧人,因此草菇又名"南华菇"。后来,当地人纷纷效仿,并看到了草菇培植的市场前景。

20世纪30年代,华人将草菇带向了世界的各个角落,渐渐地,世界上其他国家的人也开始喜欢上草菇了,草菇因而成为了世界上第三大栽培食用菌。草菇同样也是一种药食两用的菌种。

34. "姬松茸"是什么菌类

姬松茸又称姬菇、老鹰菌,是一种原产于北美洲和南美洲一些国家的蘑菇,因为最先在巴西被发现,所以又叫巴西蘑菇。其实在中国的东北地区、云南、广西、四川和西藏等地也有野生的姬松茸分布。

姬松茸属于担子菌类中的伞菌,子实体单生、丛生和群生均有,其菌盖上通常分布着纤维状的鳞片,菌盖的颜色一般呈浅褐色或棕褐色,半球形,喜欢生长在高温、潮湿、通风的环境中,属于腐生、好氧的菌类,夏、秋季节是姬松茸生长的旺季。

姬松茸这种蘑菇的菌盖吃起来嫩嫩的,菌柄吃起来脆脆的,而且还有一种杏仁似的香味,味纯气香,深受人们青睐。姬松茸不但味道鲜美,而且还富含各种营养物质。姬松茸中蛋白质的含量很高,各种糖类、维生素、矿物质和氨基酸的含量也相当丰富。姬松茸中所含有的甘露聚糖物质还对抑制肿瘤、防治心血管疾病有很好的效用。

因为姬松茸具有很高的营养价值和药用价值,所以它除了是人们餐桌上经常出现的食用菌类之外,还被应用到一些疾病的预防和治疗领域,并被一些国家开发利用为保健食品,具有很大的发展前景。

35. 常见的药用真菌有哪些

要想真正地了解蘑菇家族的成员，仅仅研究那些可以吃的菌类是远远不够的，我们还必须知道一些药用真菌的种类，只有这样，我们对蘑菇的了解才算得上全面。那么，在我们的日常生活中，常见的药用真菌到底有哪些呢？

人们所说的药用真菌，其实就是指那些具有药物作用，在其生长发育过程中，能从子实体、菌丝体和菌核中产生一些具有药理活性的物质，诸如蛋白质、维生素、脂肪酸、氨基酸、肽类、多糖、生物碱、甾醇、苷类及酶等，可以帮助人们预防和治疗某些疾病的真菌。药用真菌要么有很好的保健作用，要么可以预防或治疗疾病。

早在东汉时期的《神农本草经》中就记载了灵芝等真菌的药用效果。明朝的时候，李时珍也在自己的著作《本草纲目》中介绍了许多真菌的药效。直到现在，用真菌作为药材防治疾病在人们的生活中仍然十分常用。冬虫夏草、茯苓、竹黄、灵芝、猴头菇、香菇、猪苓、雷丸、大秃马勃、麦角、银耳、木耳等都是传统的药用真菌，在很久以前，我们的祖先就用这些真菌来治病了。随着时间的推移和生物科技的发展，人们又发现了许多新的真菌品种可以用来治疗疾病。安络小皮伞、云芝、古尼虫草、树花、假密环菌、槐栓菌、乳白耙菌和黑柄炭角菌等种类也被归入了药用真菌的行列。

在药用真菌中，很多都是可食用的，如猴头菇、香菇、银耳、木耳等菌类一直都是我们餐桌上的常客。这种既可食用又可入药的真菌，既属于药用真菌又属食用真菌。

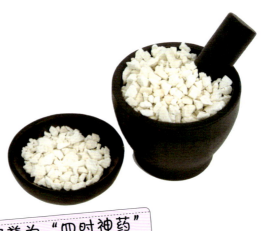

36.哪种蘑菇被誉为"四时神药"

蘑菇家族中不乏美食客,也不乏药学家。现在,就让我们一起拜访一位了不得的真菌,它被誉为"四时神药",大家一起看看,它到底"神"在哪里吧!

在蘑菇家族中,有一种多孔的真菌,它不生在土里,不长在腐草中,却喜欢寄生在松树的根部,偶尔也喜欢生长在其他的针叶树及阔叶树的根部,它钟爱沙质土壤。这种真菌形状不像撑开的小伞,它的子实体通常生长在菌核的表面,呈平伏状,成熟后表面呈棕黄色或者深褐色,但是菌肉却是鲜嫩的淡粉色或白色。这种真菌就是被誉为"四时神药"的茯苓。

茯苓在中国的大部分省区都有分布,安徽、湖北和云南是它的主要产地。作为传统的药用真菌,茯苓有许多的药用功效,无论春夏秋冬,无论与哪种药物相配,也不管要治的病是湿寒还是风热,不管是退热安胎还是降血糖,或者是抑制肿瘤,甚至在美容领域,茯苓都能发挥出其独特的疗效。正是因为如此,人们才把"四时神药"的美名送给了茯苓。从古至今,人们一直没有间断对茯苓的研究,甚至从医药领域延伸到了饮食领域,人们还制造了许多以茯苓为原料的独特美食。在中国的南方一带,人们把茯苓当作煮老汤必不可少的材料。在北京,薄薄的茯苓饼,更是成了传统的知名点心。我们的台湾同胞则十分钟爱茯苓糕。

37. 你知道灵芝通常怎么应用吗

自古以来，人们总是将灵芝视为吉祥、美好、长寿的象征。在神话传说中，灵芝总是以救人性命的仙草的身份出现。那么，它真的有这么神奇吗？

灵芝，也叫赤芝、瑞草、红芝或者万年蕈，属于多孔菌科的真菌，也是一种非常珍贵的传统药用真菌。灵芝的子实体通常中等偏大。菌盖一般是半圆形的，也有不规则的圆形或者肾形的，成熟后表面呈现带有油漆光泽的红褐色，上面有环状或者辐射状的纹路。菌肉有白色的，也有淡褐色的。菌柄大多是侧生的，也有极少数是偏生的。

灵芝的原产地是中国、日本和朝鲜半岛，在中国的大部分省区都有野生灵芝的分布，它们喜欢生长在湿度高、光线暗的山林中。灵芝是一种好气性的腐生菌，通常喜欢长在腐树上或是树木的根部。世界上目前已知的灵芝种类有200多种，但是并非每一个品种都能当作药材使用，甚至有些种类的灵芝带有剧毒，吃后会危及人的性命。赤芝、云芝之类的灵芝在医学上运用得相当广泛。在中国，"灵芝"一词早在东汉时期就出现了，张衡在自己写的《西京赋》中写道"浸石菌于重涯，濯灵芝以朱柯"。后来，《神农本草经》及《本草纲目》等医学书籍都对灵芝的药用、药性及分类进行了十分详尽的记载。

灵芝在治疗神经衰弱、头昏失眠和哮喘等疾病方面都有着显著的效用，还有补肝明目的功能。如今，人们已经能够对灵芝进行人工培育，野生灵芝的产量极低，目前市场上所销售的灵芝，绝大多数都是人工种植出来的。

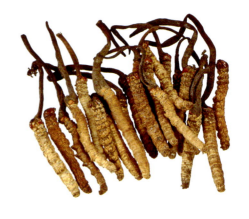

38. 你了解冬虫夏草吗

自古以来，冬虫夏草就是一种非常名贵的滋补药材，它与人参、鹿茸并称"三大滋补极品"。冬虫夏草，也叫虫草、冬虫草，藏语里称"雅扎贡布"，意思就是长角的虫子。冬虫夏草属于麦角菌科的真菌，作为药用真菌，它的药性温和，在一年四个季节都可以入药或食用，而且适用人群广泛。虫草中含有一种独特的被称为虫草菌素的核酸类物质，具有抗生作用和抑制细胞分裂的作用。中国的冬虫夏草主要分布在青藏高原一带，西藏和青海是其主产区，此外云南、贵州、四川、甘肃和新疆等省区也有分布。早在明朝中期，冬虫夏草就被当作珍贵药材送到了国外。1757年，清朝的吴仪洛就在《本草从新》一书中，详细地叙述了冬虫夏草的产地、生长过程及药效等。

说起冬虫夏草，人们最感到神秘的就是它的生长过程。其实，冬虫夏草既不是一种虫，也不是一种草，而是一种真菌和昆虫的结合体：其中的虫指的就是虫草蝙蝠蛾的幼虫，而菌则是虫草真菌。真正的虫草都是野生的，它们长在海拔3800多米的雪山草甸和高山灌木丛中。当夏天来临，冰雪融化的时候，虫草蝙蝠蛾就会孵化出幼虫，钻到土壤里靠吸收植物根部的营养把自己养得胖胖的。此时，当球形的子囊孢子遇到幼虫后，就会钻进虫子的体内，靠吸收虫子体内的营养而萌发菌丝，直至充满虫子的身体，这就是所谓的"冬虫"了。等到来年的夏天，虫子的头部会长出一颗紫色的小草，这就是"夏草"。

随着生物科技的发展，目前，关于冬虫夏草的人工栽培研究也有了很大的发展，以虫草为主要成分的药物和保健品在国内外市场上都深受消费者欢迎。

39. 灰树花是开在树上的花吗

灰树花也叫云蕈、栗蘑或者贝叶多孔菌，是多孔菌科树花属的一种真菌。灰树花也是一种既可以入药又可以食用的真菌。其子实体长相很奇特，夏秋时节往往可以看到它们成簇地生长在橡树、栗树、栎树或其他阔叶树的根部周围或树桩上，呈灰色或者浅褐色，没有菌伞，它的顶端看起来就像一层一层的波浪。在翠色欲滴的大森林里，一团团灰树花看起来就像一群群正在翩翩起舞的蝴蝶。

灰树花最先是由意大利人发现并命名的，它们在世界上许多地区都有分布，北美地区及日本的东北部地区是灰树花集中分布的区域。中国的灰树花产区则以东北三省、河北、浙江、安徽、江西、四川、福建和广西为主。在河北一带，人们习惯把灰树花叫作栗蘑或者栗子蘑；而在四川，人们则管它叫千佛菌；在福建人们则喜欢把它叫作重菇或莲花菇。

灰树花的肉质鲜美脆嫩，味道和鸡肉很相似，再加上香气十分诱人，深受人们的喜爱。灰树花中所含的蛋白质、氨基酸，以及各种维生素和矿物质含量都非常丰富，具有抑制高血压、保护肝脏、防癌和抗癌的功效，许多国家的医学界都认为灰树花这种真菌可以调节人体平衡，具有十分高的药用价值，人们在日常生活中也都喜欢将其作为烹饪的食材。

40. 猪苓和猪有没有关系

猪苓，又名豕苓、地乌桃、猪茯苓或者豕橐，是一种属于多孔菌科树花属的药用真菌。在两千多年前，中国古人就已经开始利用猪苓医治疾病了。

猪苓的子实体通常比较大，有肉质的，也有半木质的。菌盖通常呈圆形，菌盖的颜色有白色的，也有浅褐色的，菌盖的边缘内卷，分布着颜色较深的细鳞片。猪苓的菌肉则一般是白色的。子实体在幼年时期是可以食用的，是一种非常美味的菌类。

猪苓生长在地下的由菌丝体组成的菌核通常呈棕黑色或者黑褐色，其形状也多种多样，表面粗糙，上面布满了凸凹不平的瘤状突起和纹路。作为一种名贵的中药，猪苓具有消水肿和利尿的功效。猪苓中还含有大量的麦角甾醇、粗蛋白和可溶性糖分等，其所含的猪苓多糖，更是具有预防和治疗肿瘤及肝炎的作用。

猪苓在中国的大部分省区都有分布，喜欢生长在茂密的阔叶林或混交林的地下，富含腐殖质又湿润肥沃的土地是它们钟爱的生长场所，在枫树的根部周围就可以看到它们的身影。猪苓惧怕干旱，子实体通常在夏秋多雨的季节长出，而且野生的猪苓通常还是成对生长的。此外，猪苓和蜜环菌之间还具有寄生与反寄生的共生关系。

41. 你了解槐耳吗

在中国第一部药典《唐本草》中，记载了关于"五耳"的内容。中国古人把那些长在桑树、槐树、楮树、榆树和柳树的树干上的菌类合在一起，总称为"五耳"。

槐耳，又称槐菌，是"五耳"中的一员，是生长在槐树树干上的一种真菌，它还有一个名字，叫槐栓菌。作为多孔菌科栓菌属的一种真菌，槐耳的子实体通常中等偏大。其菌盖一般都是半圆形的，像人类的耳朵，又喜欢生长在槐树上，所以古人给它起了"槐耳"这样一个形象的名字。成熟后的槐耳菌盖呈棕褐色，带有少量的环状纹路。在中国的辽宁、河北、山东、陕西、湖南、广西、福建等省区都有野生槐耳的分布，夏秋时节通常是槐耳的生长和采摘季节。

《新修本草》中记载道："槐耳，此槐树上菌也，当取坚如桑耳者良。"由此可知，槐耳是非常坚硬，可以入药的。木耳是一种含有胶质，非常柔软的药食两用的真菌，而槐耳和木耳并不是同一种类。

中国的历代医书上都记述了"槐耳"，说它有止血、止痢的显著功效。随着研究的深入，人们还发现槐耳中所含的成分在增强人体免疫力、抗病毒和防治肿瘤等方面均有显著的效用。不过野生的槐耳资源比较稀缺，人工培植方面也相对困难，再加上槐耳的生长周期比较长，所以槐耳目前还不是广泛种植的药用真菌。

槐树

42. 你知道神奇的乌灵参吗

乌灵菌示意图

如果我们说哪种真菌是长在树根、树干、竹林或草丛中的，可能大家并不感到稀奇，可是你见过悬挂在白蚁洞穴中生长的真菌吗？别觉得不可思议，乌灵参就是这样一种神奇的菌类。

乌灵参有很多个别名，乌苓参、乌丽参、鸡枞蛋、雷震子、鸡茯苓等指的都是这种炭角菌科真菌。乌灵参的菌核是由白色的菌丝体交织集结而形成的，成熟后的菌核一般呈肚脐形状，其内部依然是白色的，外部则通常呈黑色或者褐色，和鸡枞菌的味道有些类似。菌核的上端有柄，可以悬着在白蚁巢穴的上壁，并与假根相连。

黑翅土白蚁喜欢在茂盛的竹林中、温暖的山坡上和宽阔的河堤上建筑自己的巢穴。黑翅土白蚁像大自然中的其他蚂蚁一样，喜欢搬家，等它们搬出自己的巢穴，乌灵参这种真菌就会在白蚁的空穴中寄居了。乌灵参长在地下半米到两米深的黑翅土白蚁巢穴中，跟菌核相连接的假根可以延伸数米远，并延伸到地表与子座的柄部相连。子座一般是棒状，通常在地表散生或者群生，成熟后呈褐色。在清代的书籍《灌县志》一书中记载，当打雷时，乌灵参就会转动，因此四川一带的人们给它起了个形象的名号叫"雷震子"。

在江苏、浙江、江西、云南、四川、广东、台湾等省区都有野生的乌灵参分布。野生的乌灵参的采收时节一般是春夏季节。乌灵参含有丰富的蛋白质、多糖以及多种微量元素，是非常珍贵的药材，能够很好地调节人类的神经系统和内分泌，可以助人入眠。乌灵参不但具有很高的药用价值，还是收藏的佳品，加上这种真菌十分稀少，因此显得尤为珍贵。

43. 你了解桑黄吗

桑黄,又名桑耳、桑臣、桑寄生、桑黄菇、猢狲眼和针层孔菌等,是一种古老的药用真菌。桑黄通常长在桑树的树干上,在杨树、柳树、桦树和栎树等树干上同样也有桑黄的生长。在生物学上,桑黄是锈革孔菌科针层孔菌属的一种真菌——针层孔菌的子实体。

桑黄的子实体没有菌柄,菌盖通常呈扁半球形或者马蹄形,一般是木质的,菌盖的颜色有浅褐色的,也有暗灰色和黑色的。野生的桑黄主要分布在中国、俄罗斯、日本、韩国和朝鲜等地。野生桑黄在中国的很多省区都有分布,如东北地区、华北地区、西北地区和西南地区的四川、云南等地。以东北、华北和西北产量居多,西南地区产量较少。

早在汉代,中国人就开始把桑黄当作中药来使用了,桑黄药用已经有2000多年的历史了。《本草纲目》中详尽地说明了桑黄的药用功效,"利五脏,宣肠胃气,排毒气"。现代医学研究表明,桑黄不但能提高人体免疫力,还具有防癌、抗癌的作用,能够减轻抗癌剂所引起的副作用。因此,在肿瘤病人进行化疗时桑黄有很大的辅助治疗作用,还可以大大地减轻病人的痛苦,使伤口快速愈合,减小肿瘤的复发率。此外,桑黄还具有保护肝脏、降低血糖和血脂、抗过敏和抑制痛风的功效。

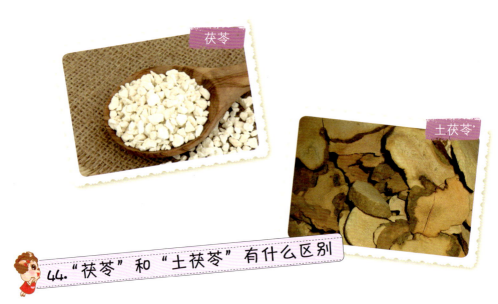

茯苓

土茯苓

44."茯苓"和"土茯苓"有什么区别

听到"茯苓"和"土茯苓"这两种生物的名字，有人可能会想当然地认为它们是同一种真菌。其实，"茯苓"和"土茯苓"是两种完全不同的生物。

茯苓又叫云苓，是多孔菌科的一种真菌，主要寄生在松树上，它依靠自己的菌丝在松树根部或是树干中蔓延，以吸取树木的养料而生长，它最喜爱的生长环境就是马尾松和赤松的根部，其干燥的菌核常被入药使用。在中国的大部分省区都有茯苓分布，其中安徽、湖北和云南是它的主要产地。在中国古代，人们把茯苓叫作"四时神药"。

而土茯苓并不是蘑菇家族的成员。土茯苓，又叫红土苓、过山龙，它是一种名为光叶菝葜的常绿攀缘灌木，属于百合科植物。它喜欢生长在山坡上或是树林里，在中国的西南和东南省区都有分布，其中以安徽、江西、湖北、湖南、江苏、浙江、福建、四川和广东等地产量较多。

茯苓是一种菌类，而土茯苓则是一种植物。虽然二者的名字只有一字之差，但它们却是完全不同的两类生物。它们共同的地方就在于都可以入药，但是土茯苓能入药的部分仅限于它干燥后的根茎。二者做成药以后也是不同的药物，具有不同的功效。

45. 为什么蘑菇会变色

生活在大自然中，每个物种都会想方设法地保护自己，以防被自己的天敌所发现，蘑菇也不例外。为了保护自己不被别的生物吃掉，许多蘑菇都有变色的本领。

一提起会变色的蘑菇，好多人都会认为，会发生变色的蘑菇一般都含有毒性，是不能吃的。其实，这是人们的一种误解。虽然我们平时吃的蘑菇都是白色、米色、浅灰色或者褐色的，但是这并不代表颜色鲜艳的蘑菇都是有毒的。我们平常吃的蘑菇是担子菌的子实体，蘑菇的子实体由菌盖和菌柄等组成。蘑菇的菌盖颜色十分复杂，不但有白、黄、灰之类的浅色，还有红、绿、紫之类十分鲜艳的颜色，还有许多蘑菇都长有混合色泽。

许多蘑菇都会变色，除了将自己融入环境的需要以外，还有生长方面的原因。蘑菇的生长往往十分迅速，在生命的每一阶段，它的颜色都是不尽相同的，由于菌盖的菌丝中含有不同的色素，所以菌盖会呈现出各种颜色。有时候，如果菌盖长得太快，表面还会出现裂纹，如此一来，蘑菇看起来就像长了花纹一样。

蘑菇的菌肉一般呈现白色或灰白色，有的则是浅黄色或是绯红色。而牛肝菌的菌肉如果受到挤压或是碰撞，则会变成青蓝色；稀褶黑菇如果受到挤压，会先变成红色再变成黑色。由此可见，蘑菇会变色，并不是一种原因造成的，而是由很多因素所致。

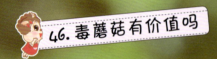
46. 毒蘑菇有价值吗

说起毒蘑菇，大家对它们都不会有什么好印象。毒蘑菇要么长得华丽夺目，要么低调地混生在可食用蘑菇中令人难以分辨，它们对人体十分有害，如果误食的话，甚至会取人性命。但是毒蘑菇也有对人类健康有益的一面。

要想知道毒蘑菇对人类怎样才会有益，我们就必须想方设法变害为益、变废为宝。到底怎样使毒蘑菇变害为益呢？就是像蛇毒、蟾蜍毒素之类的有毒物质可以入药治病一样，一些种类的毒蘑菇提取物也具有治病救人的功效。在药店里我们能看到"柠檬黄伞"和"褐云斑鹅膏"，这两种毒蘑菇，人吃后会产生彩色幻视症，但是经过萃取，从菇体中提炼出来的"蟾蜍素"却有清热解毒、消肿止痛的疗效。毒蘑菇不仅仅在医学上有功用，还有助于植树造林，提高树苗的成活率。许多毒蘑菇都能和树木形成菌根菌，它们的存在，十分有利于树种发芽、成活、成长。正是因为如此，在植树造林的时候，人们才会引种若干种类相应的菌根菌。但是，做这种事时一定要小心谨慎，因为有些毒蘑菇不但不能促进树木的生长，反而还会使树木得病，腐蚀树木，如果把这种毒菌种到林地里，那可就得不偿失了。

除此之外，毒蘑菇还有观赏的价值。有些毒蘑菇颜色绚丽，体态多姿，很适合制作成盆景。在景区摆上这么一盆毒蘑菇盆景，既宣传了毒蘑菇知识，又吸引了游人的目光，何乐而不为呢？

47. 吃蘑菇中毒后可能会有哪些反应

不同的毒蘑菇含有不同的毒素，所以吃了不同的毒蘑菇所引起的中毒反应当然也不尽相同。医生们为我们总结了六类常见的吃过毒蘑菇后的中毒反应。

较轻的一种中毒反应是"胃肠炎型"。如果误食了毒蘑菇，中毒者不久就会出现无力、恶心、呕吐的症状。造成这种反应的毒蘑菇有很多，红菇、乳菇、牛肝菌、毒光盖伞、月光菌等误食后都会使人呕吐。"神经精神型"中毒也比较常见，误食某些毒蘑菇后，中毒者会出现瞳孔缩小、幻觉、步态蹒跚等状况。这说明蘑菇的毒已经侵入了人的神经区，危害性很大。"溶血型"中毒也比较常见，而且潜伏期较长，可达6～12小时，误食毒蘑菇的人会出现贫血、肝肿的现象。不过，只要注射了肾上腺皮质激素，中毒者就可以康复了。

"肝脏损害型"是造成死亡率较高的主要蘑菇中毒类型。这种中毒症会对人类的肝脏造成严重的危害，一旦发现有中毒症状，要迅速到医院治疗，同时要多喝水，尽快排出身体内的毒素，白毒伞中毒就属于这一类型。此外，毒丝膜菌类也能引起"肝脏损害型"中毒。

"呼吸与循环衰竭型"也是造成死亡率较高的一种蘑菇中毒类型。这种中毒常常会引发中毒性心肌炎、急性肾功能衰竭和呼吸麻痹，潜伏期通常为20分钟～1小时，最长可达24小时，一旦发现，应该及时到医院治疗。

"光过敏性皮炎型"蘑菇中毒类型主要是毒蘑菇中的卟啉引起的。当毒蘑菇中的卟啉被误食者摄入体内后，经太阳照射后，皮肤上会出现红肿、火烤样发热及针刺般疼痛的皮炎症状。这类中毒的潜伏期一般是误食后的1～2天内。有的病人还可能伴随出现轻度的恶心、呕吐、腹泻和腹痛等症状。

48. "毁灭天使"是什么样的蘑菇

"毁灭天使"蘑菇,也称毁灭天使菌或者毒磨姑,它是蘑菇家族中最致命的有毒蘑菇种类之一。毁灭天使菌主要分布在欧洲地区,与同为致命毒蘑菇的赭鹅膏都属于鹅膏菌属的真菌。

毁灭天使菌的菌柄、菌环、菌褶和菌盖表面往往都是白色的,给人通体洁白无瑕的视觉感受。它的菌托一般不太明显,菌柄上长着细小的鳞片,菌盖通常是中等偏小的类型,最初呈现出半球状,然后逐渐伸展平摊开来,每到夏季和秋季的时候,便可以在树林中看到它们的身影。

成熟的毁灭天使菌会散发出一种非常难闻的气味,似乎在警示着人们不要轻易靠近,更不要采摘食用。不过这种蘑菇在生长初期跟很多种类的食用菌的模样很相似,特别容易被采摘误食。毁灭天使菌的致命毒素主要是蝇蕈素,误食这种毒蘑菇后,其中毒症状一般需要8～24小时才会出现。误食者最初的症状只是呕吐、腹泻、盗汗、口渴,甚至会出现痉挛,接着看似症状有所缓解,随之而来的会是更剧烈的呕吐、胃痛和口渴感,有的患者眼睛会出现黄疸病的症状,四肢还会出现发紫的状况,然后逐渐失去意识,直至昏迷、死亡。如果没有在第一时间及时发现并得到有效的治疗,大多数中毒者最终会死于肝功能衰竭。

49. 中国哪些毒蘑菇比较有名

中国的毒蘑菇种类很多，在全国各个地区也广泛分布，正是因为如此，在报纸和网络上，我们经常见到关于吃蘑菇中毒的报道。现在，为了尽量减少误食毒菇中毒的现象，还是让我们一起来了解几种有名的毒蘑菇吧！

我们在食用普通蘑菇的同时，为了确保不会误食有毒蘑菇从而造成生命危险，需要了解一下自然界存在多少种比较著名的"蘑菇杀手"，并提高警惕。大鹿花菌是非常有名的毒蘑菇，它的子实体类似于马鞍状，呈黄褐色，菌盖的颜色比较浅，靠近腐木而生。在吉林、西藏等地非常常见，它的毒性因人而异，不可食用。与大鹿花菌比起来，白毒鹅膏菌更危险，因为它的外形看起来和我们常吃的金针菇非常类似。这种蘑菇的毒性很大，吃后会出现高死亡率的"肝脏损害型"中毒现象，大家在野外看到金针菇的时候，一定不要轻易采摘，以防把白毒鹅膏菌误当成金针菇摘回来食用。细环柄菇的子实体较小，其中央有褐色的鳞片，菌环的下面有絮状或毛状的鳞片，也是一种有毒的蘑菇。还有毒鹅膏菌和毒蝇鹅膏菌也是误食后造成较高死亡率的有毒蘑菇种类。

大自然中有许多毒蘑菇误食以后都是十分危险的。所以，当我们在户外游玩时，如果想要野餐，看到那些美丽的蘑菇时，可要千万小心。说不定它们就是无情的毒药呢！

50. 毒鹅膏菌是什么

在所有可以使人中毒的蘑菇中，毒鹅膏菌是十分有名的。现在，就让我们一起来看一看毒鹅膏菌这种毒蘑菇到底长什么模样吧！

毒鹅膏菌有很多别名，如鬼笔鹅膏、毒伞、蒜叶菌、高把菌、绿帽菌和死亡帽等。它的子实体属于中等类型，菌盖的表面很光滑，在发育时期，菌盖通常是卵圆形和钟形的，等菌伞完全张开之后，会渐渐地伸平，表面也会变成灰褐绿色、暗绿灰色或者烟灰褐色。毒鹅膏菌的菌盖上往往长有放射状的内生条纹，而在菌盖的边缘则没有条纹。这种毒蘑菇的菌肉、菌褶和菌柄都是白色的，而且菌柄的基部很膨大，像一个圆球，其内部则松松软软的，有的还是空心的。很多毒蘑菇都有菌托，毒鹅膏菌的菌托则异常明显，又大又厚实。

毒鹅膏菌在中国分布得很广泛，主要是南方的大部分省区，两江、两湖、两广、安徽、四川、贵州、云南和福建等地区都可见这种极毒的蘑菇。在夏秋季节，长满阔叶树的森林里，只要低头一瞧，就很容易发现一株株或是一簇簇的毒鹅膏菌。虽然毒鹅膏菌的外貌看起来挺可爱的，但可是个不折不扣的危险物种，这种真菌的毒性很大，其毒性主要来自毒肽和毒伞肽两大类毒素，尤其是毒鹅膏菌的幼株，毒性更是大得出奇。

吃了毒鹅膏菌之后，中毒后的潜伏期通常可达 24 小时，吃过后，会发生严重的肝损害现象，如果不及时采取解毒救助措施，死亡率高达 50% 以上。

51. 毒蘑菇为什么不要乱碰

毒蘑菇并不是某一种蘑菇,而是人们对各种具有毒性蘑菇的统称。我们都知道,毒蘑菇是吃不得的,但是你知道吗?它们不但吃不得,也摸不得。

毒蘑菇不同于食用真菌和药用真菌,但是毒蘑菇却是担子菌和子囊菌的一部分。虽然在蘑菇家族中,毒蘑菇的数量算不得多,但是由于误食毒蘑菇往往非常危险,甚至可以取人性命。因此,人们总是对毒蘑菇格外小心。如果你在大自然中见到一种十分陌生的蘑菇,而且它长得有点奇怪,那你可就要小心了,最好离它远远的,碰都不要碰。毒伞、白毒伞等蘑菇都是非常危险的,它们的颜色和普通蘑菇一样并不鲜艳,样子也很普通,但是一旦受伤,就会变色,这些蘑菇含有剧毒,如果人吃了很可能要人性命。像豹斑毒伞之类的蘑菇,虽然能生虫,但是它生的都是蛆虫,这些蛆虫本身就是有毒的,它们吃蘑菇也不会被毒死,但是如果人碰了这些蘑菇,可就非常危险了。

除了这些看似不起眼的毒蘑菇之外,毒蘑菇家族还有许多要么美丽要么丑陋的品种,像大鹿花菌、毒蝇伞、粪锈伞、粉红枝珊菌等也是不能触碰的。所以,在大自然中,如果你没有十足的把握断定某一蘑菇是不是有毒,最好还是不要轻易去触碰它们。

52. 有没有冒充蘑菇的菌物

真菌的复杂远远超出了人类的想象，虽然蘑菇的种类数之不尽，但是，还有许多其他的菌类都一直在假冒蘑菇，想借此欺骗人们的眼睛呢！

这些与蘑菇类似的真菌长着与蘑菇大致相同的形状，乍一看，怎么会以为它们不是蘑菇嘛？如果你的生物学知识足够扎实的话，就会知道，它们还真的不是蘑菇。为什么说这些菌类不是蘑菇呢？这是因为，它们的生活习性跟蘑菇一点儿也不一样。在所有真菌种类中，最爱冒充蘑菇的就是黏菌和地衣。黏菌没有蘑菇的特征，既不是子囊菌也不是担子菌，而是一种介于动物和真菌之间的生物，属于黏菌门。黏菌依靠吞噬的方法来吸收营养，黏菌的体内也没有菌丝体。地衣是一种在地球上分布很广的真菌种类，也喜欢冒充蘑菇。不过，地衣是一种菌藻共生体，也是由两种生物结合而成的。由于地衣主要是以子囊菌为主，所以许多地衣看上去都有子囊菌的特征。因此，很多地衣和蘑菇都很相似。

尽管黏菌和地衣可以凭借外形以假乱真混入蘑菇的行列，然而，它们各自的生物特征决定了它们并不是蘑菇。我们在看问题的时候，一定不要被事物的外表所迷惑，而应该好好研究分析，透过现象看本质。

53. 什么是木腐菌

蘑菇既美味又含有丰富的营养，所以一直以来人们都很喜欢食用。为了满足市场的需求，人们开始人工种植很多种类的蘑菇。按照栽培原料的不同，菇农们把食用菌分为草腐菌和木腐菌两大类。现在，让我们一起来了解一下木腐菌这种真菌吧！

草腐菌是指以吸收禾草秸秆，诸如水稻秸秆和小麦秸秆等腐草中的有机质作为其生长发育的主要营养来源的真菌种类，人工栽培种植这类真菌通常会以农作物的秸秆为主要原料。而木腐菌栽培种植的主要材料则是阔叶树的木屑及棉籽壳。我们可以把野生的"木腐菌"理解为能够让木材腐朽的真菌，它们通过分解木材，来实现自身的生长，但是却在同时毁掉了所寄生的树木。因此，是一种有害的真菌种类。

在中国，目前已知的木腐菌有500多种。根据其腐朽情况的不同，可以把木腐菌分为三种：一种是让木材产生白色腐朽的真菌，层菌属、多孔菌属及云芝属都是这种真菌；第二种是让木质发生褐色腐朽的真菌，比如牛舌菌；第三种是常见的伞菌类木腐菌，侧耳属、香菇属等都是这样一种真菌。

白腐菌和褐腐菌能够引起树木腐朽，常常被护林工人看作是有害的大型真菌。虽然它们在某种角度上属于有害的真菌，但是不可否认，这些真菌也为森林做了许多贡献，木腐菌往往被看作是森林的清洁工，因为它们可以使枯枝落叶分解成十分微小的成分，融入土壤、促进了其他生物的增长。

54. 什么是外生菌根菌

蘑菇的生态形式一般有腐生、寄生、共生三种。在大自然中，许多大型真菌都是通过和高等植物的根系形成共生关系，来促进自身生长发育的，我们通常把这种真菌叫外生菌根菌。

在大自然中，菌根的形成是十分常见的生态景观，早在几百年前，人们就发现了生物间的这种现象。现在，人们开始注重对外生菌根菌的研究了。中国目前已知的外生菌根菌有600多种，乳菇属、红菇属、鹅膏菌属、豆包菌属、牛肝苗属、腹苗类的硬皮马勃菌属和子囊菌类的块菌属等都是研究人员耳熟能详的外生菌根菌种类。

在中国，能产生外生菌根菌的树木主要有松树、柳树、枫树、椴树、栎树、胡桃树和桦木科的一些种类。在外生菌根菌中，不乏异常珍贵的食用菌种类，如牛肝菌、松茸和松乳菇等就是一些经常可以在松林、杉林中找到的珍贵食用菌。虽然外生菌根菌看似是寄生在树木上，其实，它们与树木的共生，往往会给林业的发展带来许多好处。这些真菌的存在不仅能使木材的产量大大提高，还附带着为林业生产提供了大量美味可口的蘑菇等副产品。

外生菌根菌能够促使树木在贫瘠的土壤中生长，使得大自然中的植物有了更强的生存能力。为此，人们在近年来加快了对外生菌根菌的研究。这对于提高优质食用菌的栽培技术及发展林业都有非常重要的意义。

55. 怎样选择优质的蘑菇

蘑菇中富含各类氨基酸，其营养价值可以和牛奶相媲美，而蛋白质、维生素和各种微量元素的含量也可以与肉类和豆类食品不分伯仲。在老百姓的餐桌上，各种食用蘑菇的身影更是很常见。那么，你知道如何挑选出优质的蘑菇吗？

购买菇类时要挑选出质量好的蘑菇有以下几个小窍门，总的来说就是望、闻、触三个步骤。首先，要看蘑菇的成熟度。买蘑菇的时候，千万不要买熟得太透的，因为这种蘑菇就像熟得太透的水果一样，已经渐渐开始变质了。一般而言，蘑菇的根部发黄变软、菌盖有腐烂，发黏的蘑菇都是过度成熟，快要变质的蘑菇。其次，要想挑选出好蘑菇，光看外形还不够，还要闻一闻蘑菇的气味，新鲜的蘑菇往往气味纯正，有一种独特的清香。除此之外，我们还可以通过观察蘑菇的含水量来判断蘑菇的好坏。如果你拿起一朵蘑菇,感觉沉甸甸的,这种蘑菇大多用水浸泡过,买了这种蘑菇不但会缺斤少两,而且味道极差,储藏期限也十分有限,很容易变质。在挑选蘑菇的时候,要选择那种菌盖光滑,用手一拔能晃动,既不太干也不太湿的蘑菇,这种蘑菇往往既新鲜又美味。

当然,如果你按照以上三条标准来挑选蘑菇了,要想证明自己的挑选是否有误,最好的办法就是把蘑菇做熟,亲自尝一尝。一般而言,优质蘑菇烹饪之后不会变形,吃起来口感滑嫩,味道鲜美。

　　蘑菇的世界是一个奇异的世界，数以万计的种类，千姿百态的外形，无不在向我们展示着生物的多样性。在蘑菇家族中，同样存在着一些特立独行的个体，它们或奇怪或丑陋或妖艳，外形独一无二，令人过目不忘，甚至望而却步，还有的释放孢子时会发出类似口哨的声音。这些蘑菇有的有剧毒，有的无毒，有我们熟悉的鹿花菌、毒蝇伞，也有我们不熟悉的"恶魔牙齿"、生物发光菌等。不论是通体发蓝的天蓝蘑菇，还是其丑无比的狗蛇头菌，抑或满脸胡子的胡须齿菇，每一种都吸引我们忍不住想要一窥它们的真实面目。

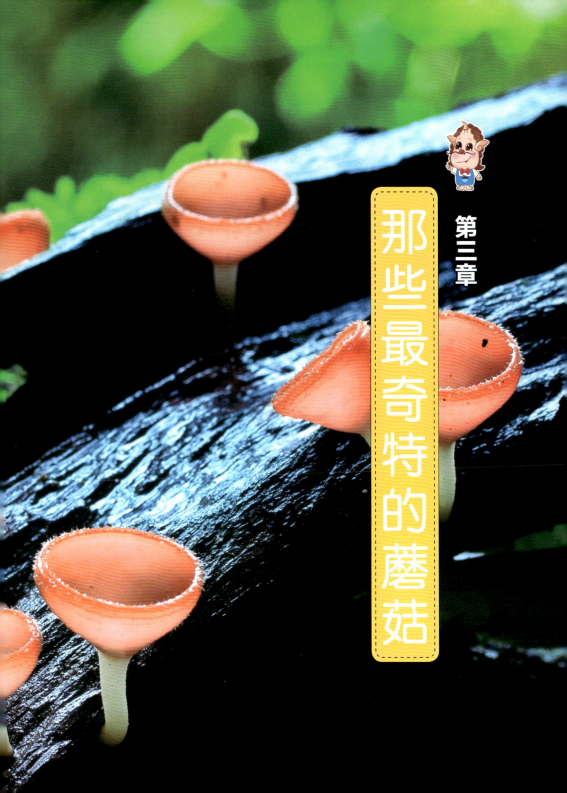

第三章 那些最奇特的蘑菇

56. 恶魔雪茄是什么种类的蘑菇

雪茄烟,许多人都听过。但是恶魔雪茄这个名字,大家可能就不太熟悉了。在总量极大、品种繁多的真菌界,恶魔雪茄被称为世界上最稀有的真菌,这不禁让人心存疑惑,这种蘑菇到底是怎样赢得这个名声的呢?

恶魔雪茄,属于子囊菌门盘菌目平盘菌科的真菌种类,仅听名字就能引发人们的好奇心。由于恶魔雪茄这种真菌最早在美国的得克萨斯州被发现,并且一度只在得克萨斯州才有,所以人们曾以"得克萨斯之星"来称呼它。在20世纪末,一群探险者在日本的奈良群山中发现了它的踪迹,于是人们开始着手对这种真菌进行深入的研究。稀有并没什么值得夸耀的,在真菌界,许多菌类都十分珍贵,关键是"恶魔雪茄"这个名字是怎么来的呢?恶魔雪茄最大的特点,就是它的数量很少,分布的地区也很有限,同时外形又很奇特。迄今为止,人们只在得克萨斯州的雪松、榆树下,以及奈良山区的橡树的死根上发现过恶魔雪茄的身影。恶魔雪茄的菌盖很像深棕色的雪茄,当它成熟裂开,释放孢子的时候,会发出明显的"嘶嘶"声,并冒出烟雾,然后彻底爆裂开来,变成黄褐色的星星状。

长着一副雪茄状,会发出"嘶嘶"声,会冒烟,这大概就是恶魔雪茄名字的由来。

57. 鹿花菌有什么奇特之处

蘑菇的形状真是千奇百怪，而且有些蘑菇长得根本就不像蘑菇。现在，就向大家介绍一种不符合人们心目中常规蘑菇形象的蘑菇。

鹿花菌，又名河豚菌、鹿花蕈，是盘菌目平盘菌科鹿花菌属下的真菌种类。这种真菌主要分布在欧洲和北美地区，通常生长在温带针叶林和落叶林中，尤其喜欢生长在松树下，每年的4~7月是采摘鹿花菌的最佳时期。这种真菌最吸引人们目光的地方就是它们的菌盖。成熟的鹿花菌，菌盖看起来不像一把小伞或是一顶小帽子，而是不规则的人的大脑形状，上面布满了红色、紫色或者深褐色的褶痕。但是如果你认为鹿花菌只是外形有点奇怪的话，那可就大错特错了。鹿花菌另一个奇特的地方就是，这种真菌明明是有剧毒的，然而世界上许多地区的人们却把它当作不可多得的美食。鹿花菌里含有一种名叫鹿花菌素的有毒物质，在与水相溶后会形成一甲基肼。一甲基肼会影响人的肝、肾功能及神经系统，中毒后，轻则出现头晕、呕吐的现象，严重时很可能会危及人的性命。不过在斯堪的纳维亚、东欧以及北美的一些地区，人们却习惯把鹿花菌当作美食，将其制作成各类食物来享用。不过研究证明，这很可能是因为不同地区的鹿花菌，其毒性是不尽相同的。

58. 人们为什么不愿意吃"魔鬼的牙齿"

人们之所以不吃某种蘑菇，大多数情况下是因为这种蘑菇有毒或者不喜欢某种蘑菇的味道。但是，有这样一种蘑菇，它并不见得真的有毒，但是许多人看到它的模样就对其望而却步，这是为什么呢？

血齿菌就是这样一种蘑菇。血齿菌又称出血齿菌或者血牙真菌，它还有一个令人心生惧意的别名——"魔鬼的牙齿"。这种真菌主要生长在美国西北太平洋沿岸和中欧地区的松树林中，近几年在伊朗和韩国也发现了野生的血齿菌。

如果你亲眼见过这种真菌，一定会被它白色菌盖上鲜红的液体吓一跳。这些"血液"就像是某些动物留在血齿菌的菌盖上的。但是，如果你凑近仔细瞧一瞧，就不难发现，其实那些红色的液体根本不是什么动物的血液，而是从血齿菌盖上的气孔中渗透出来的，科学家们研究分析出这种液体还是一种天然的抗凝血剂，和肝磷脂的特性有点儿类似。也有人形容血齿菌像奶油上面缀了一颗红艳艳的草莓，如此看来，血齿菌是不是就不那么可怕，反倒增添了几分可爱呢！

无论血齿菌有没有毒，人们看到它的那副模样，就不会想去吃它了，而且它的味道的确很苦。此外，血齿菌还会释放出一种奇怪的气味，以此来逃避动物的吞食和人类的采摘。由此可见，血齿菌真是一种善于保护自己的蘑菇。

59. 马勃是怎样进行"自卫"的

在野外的草地上，在林间的小路旁，我们不经意间总会看到几株排球大小的真菌。这种真菌看上去圆圆的，仿佛被谁不经意间丢在草地上的几个排球。这种真菌叫作马勃，属于担子菌门马勃目的真菌种类。在大自然中，马勃不像有些菌类那样用五颜六色的衣服来保护自己，而是有独特的自卫手段。

马勃，又称牛屎菇或者马蹄包，大多数种类的马勃通常能长得如排球那么大，有的甚至比排球还要大得多。目前，人们发现最大的马勃的直径足有1.5米长，重量有22千克。马勃中的巨形秃马勃的外形和其他的马勃种类有所不同，它其实更像一颗被放大无数倍的水滴。而且巨形秃马勃和其他马勃相比，还有个不同之处就是它没有根基部分。在没有成熟的时候，马勃的内部通常全是白色的黏性菌肉，这种菌肉是可以食用的。等到完全成熟了以后，马勃的外皮就会变成灰褐色并逐渐破裂，再等到其菌肉干透了以后，只要用手轻轻一弹，就会冒出一股黑烟来，把人呛得一把鼻涕一把眼泪的。其实，马勃释放出的正是用以繁殖的粉状孢子。当孢子的囊被碰破之后，那些黑色的粉状孢子就会四处喷散开来。

这样一来，马勃既可以保护自己不被采摘，又使得马勃菌传播到了其他地方，进行生息繁衍，这可真是一举两得啊！

60. 你见过长得像火鸡尾巴一样的蘑菇吗

我们所认识的蘑菇大多顶着一把小伞或是戴着一顶小帽子。但是，在这个世界上，确实存在着一些形状怪异的蘑菇，更让人猜不透的是，有些蘑菇甚至还以鸟类的尾巴来命名，让我们一起来看看这到底是哪种蘑菇吧！

在成千上万的真菌中，有一种蘑菇叫作"火鸡尾巴"，它的学名叫作云芝，也叫彩绒革盖菌，是多孔菌科栓菌属的一类真菌。人们之所以给云芝起了"火鸡尾巴"这个名字，大概是因为云芝的模样实在和火鸡尾巴太像了。

云芝属于侧生无耳真菌，它的菌盖一朵接着一朵，既像羽毛，又像鳞片。薄薄的菌盖你挨着我，我接着你，看起来层层叠叠的，整体像个半圆形，还一圈圈变换不同的色彩，看起来真是像极了火鸡的尾巴。云芝的表面是革质的，上面覆盖着一层细长的绒毛，颜色多样，组成狭窄的环形，云芝的边缘很薄，看起来像波浪一样弯曲不平。云芝的菌肉通常是白色的，它是非常有药用价值的真菌之一，具有清热、解毒、消炎的功效，在防癌、抗癌方面也具有显著的作用。云芝同时也是一种可食用的真菌。

在中国，各地都能看到云芝的身影，它们一般寄生在海拔3000多米的阔叶树上，喜欢昏暗潮湿的环境，是一种分布区域极为广泛的木腐菌种类。它的菌丝适应性极强，如果温差较大的话，它的子实体则长得更快。

天蓝蘑菇示意图

61. 你见过通体蓝色的蘑菇吗

我们可能见过克莱茵蓝彼岸花，欣赏过蓝色的紫阳花、鸢尾花和矢车菊，也可能喜欢过全身都是蓝色的卡通形象蓝精灵，但是有多少人见过通体蓝色的蘑菇呢？

大自然的造化往往奇妙得出人意料，在遥远的新西兰，有一个叫南北岛的小岛，在这个小岛的西部及亚洲印度的一些林地里，生长有一种浑身都是蓝色的蘑菇。这种蘑菇家族中的"蓝色精灵"就是鼎鼎有名的天蓝蘑菇，它属于担子菌门伞菌科的蘑菇。

蘑菇这种生物既可怕又美味，既美丽又平凡，既神奇又怪异，而天蓝蘑菇，则是蘑菇家族成员的典型代表，集这些矛盾的特点于一身。别看这种蘑菇浑身蓝幽幽的，仔细观察不难发现，它的菌褶上还有红色孢子留下的痕迹。天蓝蘑菇到底有没有毒，在生物界至今仍无定论。不过科学研究已经揭示出了它通体蓝色的秘密，天蓝蘑菇之所以会有如此神奇的颜色，是因为它的子实体内的三种甘菊环烃相互作用而形成的。

见过天蓝蘑菇的人，都不由得会喜欢上它，新西兰人更是对天蓝蘑菇喜爱有加。新西兰曾发行过一套包含天蓝蘑菇形象的邮票，新西兰储备银行甚至将这种蘑菇的模样印到了钞票上，人们对它的喜欢可想而知。

62. 胡须齿菌有什么独特之处

如果有机会穿越原始森林，你可能会在不经意间发现树上有一颗白刺猬模样的蘑菇，或者会惊讶于树上怎么会挂着一堆"面条"，其实，这种蘑菇是猴头菇的一种，叫作胡须齿菌。

这种看起来既像面条，又像胡子，还有点儿像刺猬的蘑菇，拥有许多别名，如狮鬃菇、猴头菌、刺猬菇、带须牙齿蘑菇等，在它的众多名号中，胡须齿菌这个名字比较常用。除了这些别名之外，胡须齿菌还有一个非常气派的名字，即"萨堤罗斯的胡子"。在希腊神话中，萨堤罗斯是半人半羊的森林之神。可见人们对这种蘑菇是十分喜爱的。虽然样子看起来怪怪的，但是胡须齿菌是一种可以食用的蘑菇，每年的夏季和秋季，野生的胡须齿菌就会在森林中出现，它们往往长在腐朽的木质植物上，尤其是蒙古栎和美国山毛榉树上都是它们最喜欢的栖居之所。

胡须齿菌是难得的美味，烹饪加工之后，这种蘑菇的味道堪比海鲜。胡须齿菌不但味道鲜美，而且食用之后，对人体的健康也很有帮助。胡须齿菌还具有一定的医用价值，这种蘑菇不但可以减少人体血液中糖的含量，而且具有抗氧化的功效。

63. 哪种蘑菇被评为"最丑陋的蘑菇"

多数蘑菇因为外形美观、味道鲜美、性能无可替代,而拥有许多美称,这些美称不但使得蘑菇本身的魅力有所提高,而且也美化了人们对这种蘑菇的印象。爱美之心,人皆有之,人们都喜欢美丽的蘑菇,自然就会讨厌丑陋的蘑菇。那么,究竟是哪种蘑菇形貌不佳到被评为"最丑陋的蘑菇"呢?

在北美洲的东北部和欧洲地区,生长着一种叫作狗蛇头菌或者蛇头菌的蘑菇,由于外观让人非常不喜欢,因此有了"最丑陋的蘑菇"的称号。在中国的南方地区,也有这种蘑菇分布。狗蛇头菌到底有多丑陋呢?现在让我们一起看看就知道了。

狗蛇头菌属于担子菌门鬼笔目鬼笔科蛇头菌属的真菌种类,它的子实体通常小小的,长得像蛇的脑袋一样,喜欢单生、散生或者成群地生长在林地中。在夏季和秋季,人们往往可以在腐木上或者是落叶堆中发现它们的身影。狗蛇头菌的菌柄一般是圆柱形的,而菌盖则往往是鲜红色的,且在菌盖的顶端还有一小部分呈黑色。狗蛇头菌菌盖上的黑色部分是一个黏性孢头,这个孢头还会散发出一种令人唯恐避之不及的难闻臭味。不过,这种臭味会吸引诸如苍蝇之类的昆虫,它们可以把狗蛇头菌的孢子带到其他地方去繁殖。

至于狗蛇头菌是不是可以食用,在生物界至今还存在着争议,虽然不乏勇敢的尝味者,不过,如此丑陋,如此臭的蘑菇,又有多少人打心底里想吃呢?

64. "蚂蚁路灯"是哪种蘑菇的昵称

如果在黑夜中看到有东西一闪一闪地发着绿莹莹的光,你会想到什么呢?有人说,这可能是萤火虫,有人说这可能是磷火。其实,还有一种可能,那就是荧光小菇。

荧光小菇,也称萤火蕈,是一种长在森林里的比较稀有的蘑菇种类。当夜幕降临时,它们就在夜晚的树林中发出幽幽的绿光,仿佛是为蚂蚁亮起回家的路灯,所以人们给荧光小菇起了个既形象又可爱的名字,叫作"蚂蚁路灯"。再加上荧光小菇的样子看起来很像水母,它还有"绿色陆地水母"之称。

在不同的地区,荧光小菇也有不同的名字,在北美洲,人们管它叫"鬼火";在日本,人们把它叫作"夜光茸"。在生物界,荧光小菇是迄今为止人们已知的最早的发光菌类。到底要早到什么时候呢?在公元前382年,大哲学家亚里士多德就发现了这种蘑菇,但他并不能明确地解释它们到底是什么。19世纪时,生物学家第一次在日本的小笠原群岛上发现了荧光小菇的身影。在雨季到来时,小笠原岛上甚至会专门以这种蘑菇为中心,推出"夜光之旅"这个专门观赏荧光小菇的旅游行程。

荧光小菇美丽异常,使森林的夜晚充满了迷幻的色彩,遗憾的是,荧光小菇这种生物发光的现象神奇而诡异,直到现在,科学家还不能准确地解释它们为什么会在夜晚发光。

65. 为什么说我们对毒蝇伞熟悉而又陌生呢

如果你玩过《超级玛丽》，一定碰到过一只只可爱的蘑菇，它们矮矮胖胖，红色的小伞上有许多白点点。在《蓝精灵》和《爱丽丝梦游仙境》两部电影里也有它们的身影。它们还在迪斯尼动画《幻想曲》里跳过舞呢！这个明星蘑菇到底是谁？

其实，这种总是让我们不期而遇的蘑菇就是毒蝇伞。毒蝇伞，又叫毒蝇鹅膏菌、毒蝇蕈、毒蝇菌或者蛤蟆菌，属于担子菌门鹅膏菌属的有毒真菌，是外生菌根菌的一种。它主要分布在北欧、西伯利亚和马来西亚地区，在南美、南非、澳大利亚和新西兰也有分布，毒蝇伞在中国各地也有发现，主要分布在黑龙江、吉林、云南、四川和西藏等省区。

夏秋时节，在森林里，我们常常可以见到它们的身影。除了红色的菌盖外，毒蝇伞的菌盖还有黄色、棕色、橘色、粉色等其他几种颜色。毒蝇伞的菌盖表面往往布满白色的斑点，一场大雨过后，毒蝇伞菌盖上的白斑就会消失，并且摇身一变，和我们平时吃的橙黄鹅膏菌看起来十分相似，采蘑菇的时候千万要小心，别把它当作橙黄鹅膏菌采回家去。毒蝇伞是一种有毒的菌类，由于放在牛奶里就能把苍蝇杀死，德国的一位哲学家在一本书中称其曰"捕蝇菌"。

吃了毒蝇伞，不同的人会表现出不同的中毒症状，有人会觉得恶心，有人会出现幻觉，有人会变得眩晕，还有人会莫名其妙地兴奋。不过只要发现及时并得到有效的治疗，很少有误食毒蝇伞而致命的情况发生。

66. 松茸为什么被认为是世界上最贵的蘑菇之一

在菌类市场上，有一种蘑菇的价格从来没有停止过飙升，它就是被誉为"菌中之王"的松口蘑。松口蘑又叫松茸、松蕈、合菌或者台菌等，是担子菌门口蘑科的一种外生菌根菌类。松茸的香味芬芳浓郁，含有丰富的蛋白质、氨基酸、微量元素、不饱和脂肪酸和肽类物质，以及松茸多糖、松茸多肽和松茸醇等珍贵而又独特的物质，营养价值极高，属于天然的药食两用真菌种类。无论在哪个国家，松茸都是一种非常稀缺的真菌，在中国，只有东北地区以及云南、四川、贵州、西藏和台湾等极少的区域有野生的松茸，在这些区域中，香格里拉、楚雄和延边是中国松茸的主要产区。

有人可能要说了，既然野生的松茸这么少，那为什么不人工培植呢？但是，想要实现松茸的人工培植，也并不是轻而易举的事情。松茸作为一种外生菌根真菌，只有直接吸取其所共生的松树、栎树、杉树等通过光合作用所产生的糖类，才能保证自身的生长所需。其独特的营养吸收方式决定了人工培植松茸很难实现，至少目前在世界上还没有实现人工培植松茸。

不能实现人工栽培，营养价值极高而产量却极少，物以稀为贵，所以松茸被认为是世界上最贵的蘑菇之一就是这个道理。

67. 哪种蘑菇被誉为"可以吃的白色钻石"

世界上有这样一种真菌,它和鱼子酱及鹅肝并称为"世界三大珍肴",常常被餐厅列为顶级食材,和松茸一样属于世界上最昂贵的蘑菇种类之一,并且市场上的价格还在节节攀升,这种蘑菇就是喜欢栖居在松树、栎树和橡树下习惯被称为地菌、块菌或块蕈的一种蕈类——松露。

松露是属于子囊菌门西洋松露科西洋松露属的真菌,有黑松露和白松露之分。在营养价值和市场价值方面,白松露更胜一筹。它主要产于意大利巴尔干半岛和克罗地亚北部区域,其中以意大利所产的白松露最负盛名,意大利松露又以阿尔巴和阿斯蒂两个城镇所产的天然松露最为著名。白松露被誉为"可以吃的白色钻石",足见其在世人眼中的珍贵。作为稀有的野生真菌,世界上每年的白松露产量极少,这也是其珍贵的原因之一吧!

白松露的味道非常奇特,有类似雨水、树根、泥土和陈年芝士混合在一起的味道,而且白松露的个头大小及口感和风味通常与其生长树木的种类、环境的温湿度、土壤的类型有着密不可分的关系。因而人工培植白松露也是件非常困难的事。白松露的生长季节通常在秋冬时候,每年的10月和11月是白松露的生长旺季。白松露的寻找和采摘方式也很独特,需要借助训练有素的猎犬或者母猪来进行。白松露一般只适合生食,这样才不会破坏其营养成分和风味,而且白松露的保鲜期很短,通常不超过10天。这些特点都足以凸显其珍贵性。

68. "红笼子"是哪种蘑菇的别称

自然界的蘑菇种类千千万万，其形态也各有不同。有一种腐生的真菌种类，它们最喜欢的食物是腐烂的木质植物，或者像独行侠一样单个出现，或者成群结队地出现在公园、草地、林地的落叶和木质残层上，因为它的外形像一个笼子，而且是红色的，所以常常被人们称为"红笼子"。

这种被称为"红笼子"的蘑菇就是红笼头菌，红笼头菌属于鬼笔科笼头菌属的一类真菌，它的子实体最初从被外菌幕包被的白色或淡黄色的卵状菌体基部长出，成熟时则长成由多个不规则的格子围成的一个中空的网格状球体，好像一个笼子，所以被形象地称作红笼子。红笼头菌是一种分布广泛的真菌种类，在欧洲、亚洲、美洲、大洋洲和北非，都可以看到它们的身影。在中国的广东、四川、贵州和西藏等地也发现过这种蘑菇的踪迹。

红笼头菌的网格内层分布着产孢组织，覆盖着橄榄褐色的有恶臭味的孢体黏液，这种黏液可以吸引苍蝇及其他昆虫前来帮助其扩散传播孢子。目前关于红笼头菌是否可以食用还没有定论，不过它所散发出的气味的确令人望而却步。

69. 哪种蘑菇被视为"森林干湿计"

硬皮地星属于担子菌纲地星科地星属的真菌种类。硬皮地星的子实体在成长初期通常呈卵圆形，红褐色或者灰褐色，散发出类似金属的气味。当其子实体成熟时，包裹着子实体的厚厚的硬质外包被就裂开呈星形，外包被通常会裂成6～18瓣不等，开裂的外包被往往呈灰色或者红褐色，表面有不规则的白色鳞片。其子实体的膜质内包被则不开裂，包裹着灰色或者灰褐色扁球形的孢子球显露在外面，内包被的表面通常略显粗糙。

硬皮地星有着令人惊叹的吸收水分能力，被视为"森林干湿计"。它的子实体的外包被在环境干燥时向内卷成球状，而环境潮湿时则舒展开来平铺在地面。在硬皮地星的孢子球顶端，有一个小小的孔，当其子实体成熟而气候又潮湿的时候，就是适合孢子扩散传播的时候。当雨水滴落在硬皮地星孢子球的表面时，大量孢子就会借助雨水溅打的压力喷射而出，从而扩散传播出去。

硬皮地星在夏秋时节喜欢群生在干燥的开阔林地区，沙质的土壤是它们的乐园，除了南北极和一些高纬度寒冷地带外，世界各地都可以看到它们的踪迹。硬皮地星在中国主要分布在东北、华北、西南和华南的大多数地区。它的子实体和孢子都可以入药，具有止血的功效。

70. 白蛋巢菌的外形有什么特点

在种类繁多的蘑菇家族中,有这样一些真菌种类,它们的子实体成熟时一般呈杯形,并且"杯"中还有数颗小包,小包是产生孢子的子实层。这种外形酷似带着卵的鸟巢的真菌属于鸟巢菌科,统称为鸟巢菌。

白蛋巢菌是鸟巢菌科白蛋巢菌属的唯一成员。这种真菌的子实体通常比较小,表面是深肉桂色,形似鸟巢,里边有10~20个扁球形的小包,包被通常高1厘米左右,生长初期上面分布着深肉桂色的绒毛,成熟以后则变得比较光滑,颜色为褐色或者灰色,子实体成熟前覆盖着深肉桂色的盖膜,成熟后盖膜消失,小包中的孢子会借助雨水的力量而传播扩散出去。扁球形的小包则分别由不同的纤细且有韧性的菌丝索固定在包被当中,在其表面上一般会有一层白色的外膜包裹着。白蛋巢菌孢子通常是无色的,比较光滑,呈椭圆形或者接近卵形。

在夏秋季节,林地中、公园里的腐木和枯枝上常常可以见到它们成群生长的身影。

白蛋巢菌主要分布在北温带地区,中国大部分省区都可以见到它们的踪迹。

白蛋巢菌能够产生纤维素酶,在分解植物纤维素方面有着显著的作用。

71. 绣球菌有什么独特之处

绣球菌，又称绣球菇，属于非褶孔菌目绣球菌科绣球菌属的一类真菌。野生的绣球菌非常稀有，有"万菇之王"的美称。绣球菌的子实体通常中等偏大，呈奶油色或者浅黄褐色，肉质，从一个粗壮的菌柄上长出许多分枝，枝端的多重瓣片构成花球形的子实体，看起来像一个巨大的绣球，直径10～40厘米，令人过目难忘。其子实层生长在瓣片上，而且只位于瓣片的一边。孢子通常是无色的，质地光滑，呈卵圆形或者球形。

绣球菌广泛分布在北温带地区，在美国、加拿大、中国、日本和韩国都有分布，澳大利亚也有少量的绣球菌资源。中国的绣球菌仅仅生长在东北地区和云、贵、川、藏等地的高山林中。在日本，绣球菌还被誉为"梦幻神奇菇"。

夏秋时节，在云杉、冷杉、松林或混交林中常常可以看到这种珍贵菌类的身影。绣球菌还有一个独特之处就是它特别喜欢阳光，每天需要10小时以上的光照时间，是世界上唯一的"阳光蘑菇"。

绣球菌不仅清香馥郁、肉质鲜美，而且含有丰富的β葡聚糖、大量的抗氧化物质、丰富的维生素和矿物质，还有麦角固醇和歧化酶，可以增强人体的免疫调节能力，具有抗氧化、抗辐射、抗病毒、抗肿瘤、降低血糖和血脂、保肝护肝的功效，属于药食两用的名贵菇种。

　　蘑菇真是大自然赠与人类的礼物，它们有的是无比鲜美的佳肴，有的可以成为治病救人的良药，有的甚至可以成为新的生物能源！就连毒蘑菇也有它们的妙用呢！既然蘑菇有如此之多的妙用，我们当然要全方位有效地实现蘑菇的各种价值了！可是，如果没有人类来种植蘑菇，估计市场上的菇类就会出现数量少、品种不全的现象了。因此，为了跟上人们的需求，菇农们总结出了一套种出好蘑菇的经验。到底怎样才能种出好蘑菇呢？种出的蘑菇应该怎样保存？人类又应该怎样保护蘑菇世界呢？现在，让我们带着这些问题一起来了解一下怎样种出好蘑菇吧！

第四章 种出好蘑菇

72. 种蘑菇一般需要什么条件

许多人都喜欢吃蘑菇，大家也都能顺口说出许多蘑菇的名字来，但是知道怎样种蘑菇的人一定不多。先问一个最基本的问题，你知道种蘑菇需要怎样的条件吗？

虽然蘑菇也是种出来的，但是它和一般的农作物一点儿也不一样，它对生长环境的要求很独特。一般而言，植物要想健康成长，首先必须要有充足的阳光，因为植物是通过光合作用来制造养料供应自体生长的。但是，绝大多数蘑菇却一点儿也不喜欢阳光，只有处身阴暗潮湿的环境中，才能健康地长高、长胖。不要阳光，只要温度适宜，菌丝体就可以发芽了。菌丝体生长的温度在 20～38 摄氏度，其中，最适宜的温度是 26～32 摄氏度，而 24～38 摄氏度则是最适宜子实体生长发育的温度范围。如此看来，菌丝体生长所需要的温度和子实体生长所需的温度大致相同。因此，在蘑菇的整个生长期间，并不需要大幅度调整栽培棚的温度。虽然不必大幅度地调整温度，但是因为蘑菇生长时呼吸旺盛，会产生大量的湿气。因此，为了满足它们生长所需要的氧气供给，必须经常通风。

美味的蘑菇适合在偏碱性的土壤中进行培植，最好把堆肥和覆土层的酸碱度控制在 pH7.5 上下。为了适应蘑菇生长节奏快的特征，还应该注意为蘑菇施肥，只有这样，蘑菇才能长得又大又鲜。

73. 你知道蘑菇的良种从哪里来吗

要问植物是从哪里来的，你肯定会说，是种子发芽长出来的。的确，在大自然中，几乎所有的植物都会开花、结果，用种子来繁殖后代。但蘑菇却不是这样，那么蘑菇的种子是从哪里来的呢？人们要培植蘑菇，到底要从哪里寻找良种呢？

在生物界，蘑菇比植物低一级，它们不是植物，而是一种真菌。蘑菇不会开花，自然也不会结果，它们只能产生孢子来进行繁殖。蘑菇的孢子落到了哪里，哪里就会冒出一小朵蘑菇。正如并不是每一颗种子都能长成参天大树一样，并不是每一个蘑菇孢子都能长出健康完整的蘑菇。为了种出在外形、产量、营养成分等方面都令人满意的蘑菇，菇农必须认真地挑选蘑菇的孢子。菌种的产生过程是相当复杂的，来自大自然的孢子并不是最优质的菌种，必须对其进行人工培养，从中筛选出最优质的菌种，再对其进行必要的改良，然后保存起来，种在蘑菇栽培棚中。

现在，菇农种植所用的菌种，都是通过工业发酵得来的，其筛选过程十分复杂。不过，正是因为经过了一道道复杂的工序，这些菌种才是所有种子中最优质的，用这些菌种培育出的蘑菇才是最好的蘑菇。

74. 怎样防止菌种退化

人们经常吃蘑菇，每个人都希望吃到肚子里的蘑菇是最健康的，而菇农更希望自己种的蘑菇品种是最优良的。但是随着生态环境的变化，真菌难免也会受到影响，从而丧失了部分营养价值，这种现象称为菌种退化。那么怎样才能防止菌种退化呢？

引起菌种退化的原因很多，其中最主要的就是菌种不纯。如果几种基因相近的菌种被用来杂交的话，很可能会造成基因突变，这时就会导致菌种不纯的现象。另外，如果培养棚温度过高，或者是将不同菌株混合栽培也会引起菌种的退化。要想防止这种情况的发生，需要在以下几个方面多加注意。首先，要保证菌种的纯度，在种植前，确保自己所选的菌种是没有被杂菌污染的。其次，不要将同一食用菌的不同菌株混合栽培或是近距离种植，否则很可能发生菌种退化现象。除此之外，菇农还应该严格控制菌种的传代次数，减少菌种的损伤，以此来保证菌种的活力。在保存菌种的时候，要注意温度的控制，低温型菌种在 4 摄氏度的温度下冷藏，高温型菌种则在 16 摄氏度的环境中保存。适宜的温度有利于保存菌丝体的活力，提高菌种的成活率。

此外，菌种不适宜长时间使用，因为超龄菌种会出现老化现象，老化的菌种是十分容易出现退化现象的。

75. 栽完蘑菇，木材废料怎么处理

随着人们环保意识的提高，对于生活中的各种东西，人们总是想方设法使它们能够重复利用。这样，不但减少了污染，还促进了物尽其用，实现了可持续发展。你知道吗，生活中的许多东西都是可以再次利用的，就连种植蘑菇剩下的木材废料，也有用武之地。

许多蘑菇都是在木材上栽培的，由于蘑菇种植业发展得很快，世界上每个国家，每一年都会产生许多栽培蘑菇的木材废材。之前，菇农把蘑菇从木材上采摘下来之后，这些废材大部分都会被随处丢掉，或者直接焚烧掉。但是这种行为不但不利于物尽其用，还造成了环境污染。科学家们对这些木材废料进行了研究，发现它们能够生成乙醇，是制作酒精的主要原料。除了直接在木材上栽培的蘑菇之外，像香菇、平菇、金针菇等，是用菌糠栽培的。所谓菌糠，其实指的就是用锯末之类的碎木屑和其他物质混合而成的培养料，种植蘑菇之后的菌糠仍然含有大量的有机物，可以用来再次栽培食用菌，千万别把它们扔掉。如果菇农觉得这些菌糠中的有机物含量有所下降，完全可以通过增添肥料的方法，使菌糠的有机物恢复到最佳状态。

由此可见，栽完蘑菇之后的木材废料并不是真的一无是处，人们可以根据不同材料的特征，对它们进行二次利用，做到物尽其用。

76. 人工种植蘑菇有没有重金属污染问题

蘑菇不但味道好，营养价值也高。因此，人们一直把蘑菇当作必不可少的蔬菜。除了具有一般食物所富含的营养价值之外，蘑菇也和其他食物一样会受到来自各种有害物质的污染。

蘑菇生长在地球上，植根于树木或是土壤之中，吸收水分和空气以促进自身的生长。因此，如果土壤、水或是空气受到了污染，这些污染物就会被蘑菇吸进体内，逐渐地沉积下来。随着工业的发展，环境

的破坏越来越严重了，江河里被排进了废水，铅、汞、镉各种重金属都混进了水里，这些重金属通过水循环会重新被蘑菇吸收，人们吃了含有重金属的蘑菇，会对身体造成伤害。大自然的生物中，蘑菇对重金属的富集能力是较高的。因此，被重金属污染过的蘑菇，如果吃得多了，会比其他一些被重金属污染的蔬果对人体产生更加严重的影响。好在市场上供应的蘑菇很少是从野外采摘来的，绝大部分是菇农栽培的，如果种蘑菇的时候选好水源，蘑菇基本上不存在重金属污染问题的。

中国有80多年种菇的经验，现在，菇农种蘑菇的技术已经相当成熟了，人们遵循既定的行业标准，无论是在选址、选种方面还是对蘑菇生长环境的监测方面，都能保障蘑菇是安全而无公害的。

77. 你了解中国蘑菇产业的发展现状吗

在 中国，吃蘑菇的历史是相当悠久的，在古代，人们就将蘑菇奉为"山珍"。在20世纪早期，蘑菇种植业在中国如雨后春笋般发展起来。现在，中国业已成为世界上最大的蘑菇生产国和出口国。

中国是蘑菇罐头产量最多、出口最多的国家，中国的种菇业虽然有可喜的成就，但是中国的蘑菇产业并非一帆风顺，还有许多问题和隐患需要我们来解决。虽然早在20世纪，中国就引进了"二次发酵"的蘑菇栽培技术，但是我们的蘑菇栽培技术还是相当落后的。现在欧洲地区已经普遍采取"三次发酵"技术了。没有好先进技术，生产率就会大大降低，这势必会最终影响我国的蘑菇产量。中国的蘑菇虽然产量高，但是缺乏自己的品牌，人们常说，品牌是产业的生命，如果没有自己的品牌，你的产品永远不可能在世界市场上占有一席之地。正是因为缺乏自己的品牌，中国的蘑菇罐头市场一直被欧美公司所掌控。这种对外国公司的严重依赖，势必导致我国蘑菇市场地位下降，最终会影响我国菇类产品的价格。

机械化是农业现代化的重要标志。但是，我国的蘑菇生产直到现在还主要以手工种植、采摘为主。这大大地提高了劳动力成本，如果不有所改观，也会成为影响中国蘑菇产业核心竞争力的一个原因。

78. 择好的蘑菇怎么保存

在超市买蘑菇的时候，人们总是很犯难。因为蘑菇这种"单腿食物"富含营养，我们看到草菇、金针菇、平菇，恨不得一下子将它们全部买走，带回家里做成各种菜肴慢慢品尝。但是，蘑菇是一种不易保存的蔬菜，如果买得多了，肯定会放坏的。那么保存蘑菇有没有什么窍门呢？

鲜蘑菇的含水量很高，每一朵蘑菇里都有90%的水分，这就是蘑菇不易于保存的原因。蘑菇本来就营养丰富，不但人们喜欢吃，各种小虫和细菌也爱尝一尝，再加上水分一多，自然就容易招惹细菌和微生物，这样一来，蘑菇就只有腐烂变酸的命运了。像草菇这样的蘑菇，只能保存一天左右，你头一天买来的草菇，第二天就会发现它已经变味了，这样的蘑菇是不能吃的，吃了之后很容易引起食物中毒。有常识的人都知道，即使把蘑菇放进冰箱里，也不能使它保鲜。既然蘑菇是因为多水才腐烂的，那我们想办法减少蘑菇的水分是不是就可以了？的确，要想完好地保存蘑菇，最好的办法就是保持干燥，如果你不想把蘑菇晒成蘑菇干，那就在买来后好好地晾一下，尽量减少蘑菇表面的水分，然后再用保鲜膜包起来，放在冰箱中冷藏。

如果你一次买的蘑菇数量较大，又想吃鲜的，就可以先将鲜蘑菇晾干，然后装入塑料容器里，在每一层蘑菇上撒上一层盐，这样就不会生细菌了，吃的时候只要把蘑菇上的盐洗一洗就可以了。

79. 怎样保护神奇的蘑菇世界

现在，地球上的森林越来越少了，人们逐渐地意识到森林的重要性，开始大面积地植树造林了。你知道吗？我们的蘑菇世界也面临着同样的危机呢！

如果有一天，我们在超市再也见不到蘑菇的身影，餐桌上再也没有了美味的蘑菇汤、鲜嫩的蘑菇肉片，我们的心里会何其失落？如果有一天，人们发现某一种不治之症只有一种物质能够医治，而这种物质只在一种早已灭绝的蘑菇的体内存在，那么我们再怎么后悔，也无计可施了。蘑菇不但是我们日常生活中必不可少的蔬菜，也是人类治病医疾的良药，我们必须好好地保护蘑菇。

人类对森林和草原的过度开发，对大型真菌的生存环境造成了非常严重的破坏。为了保护这些大型真菌，我们可以像建立动物自然保护区一样，建立以高等真菌为主的"蘑菇自然保护区"。除了在大自然中对蘑菇进行保护之外，人类还应该加强对人工栽培蘑菇技术的研究。唯有如此，才能在保护蘑菇的种类和数量不减少的前提下，研究出新的品种，增强食用菌的生命力和产量。

但是，从根本上讲，人类要想真的保护蘑菇种类的多样性，就必须退耕还林、保护草原，减少污染物质的排放，只有为蘑菇营造一个舒适的生态环境，它们才能后顾无忧地生长啊！

在生物学不太发达的时候，人们一直都认为树木是最了不起的植物。对蘑菇的研究，将人类带入了一个神奇的世界。在这个世界里，我们不仅看到了它们的华丽，也品尝到了它们的美味。在人类文明中，蘑菇是不可回避的话题。人类的食菌历史十分悠久，在这悠久的历史中，每个国家都有独特的食菌文化。人类对蘑菇的惧怕是逐渐消失的，蘑菇成为人们日常生活中不可或缺的东西。蘑菇不但是人类餐桌上的宠儿，在诗人的心目中，也有不可取代的地位，许多传世诗作都歌颂蘑菇。

第五章 人类文明中的蘑菇

80. 人类的食菌历史有多久了

在大自然林林总总的生物中，菌菇只不过是不起眼的一员。在人类文明的早期，菌菇就在人们的生活中扮演着十分重要的角色。

在原始社会，菌菇是人类祖先的重要食物之一。人类食菌的历史，从原始社会一直沿袭至今。人类的食菌史，在文献中是有记载的。而且，考古学家还在河姆渡发掘到新石器时期的菌菇化石。可以说，人类在很久很久以前，就已经将菌类当作天然食物了。中国人在识别、应用食用菌方面有着久远的历史。中国人在识别食用菌的基础上，发展了辉煌灿烂的中华饮食文化。在司马迁所著的《史记》中记载着"千岁松根也，食之不死"。这样关于蘑菇的文字，显示出中国古人对于食用菌的某种崇拜。在西方的历史文献中，也能看到很多菌类的名称。不但史书中记载了诸多种类的食用菌，在民间也流传着许多人类以蘑菇为食，度过灾荒的故事。

在中国悠久的农耕文明中，人们还用审美的眼光来看待蘑菇，并且它们还走入了书画。过年的传统习俗中，人们贴的年画上，往往可以看到灵芝的身影。由此可见，在人类的食菌历史上，菌类在人们心目中有着多层面的角色。

81. 蘑菇是从什么时候开始进入人类文明中的

在原始社会，人类就开始以蘑菇为食了。据推测，早在一万年前，居住在美洲的土著人就开始采集、食用蘑菇了。在危地马拉高原，考古学家们发现了一种人类在公元前1000多年前制作的石器，这种石器的形状和蘑菇十分相似。这种石器被称为蘑菇石，考古学家们总共找到8块蘑菇石，它们通常高十几厘米。考古学家认为，这些蘑菇石可能分别代表8个萨满神，在当时的崇拜中具有保护人类不受伤害的效力，同时还可以指示领地的边界及向神求雨。根据墨西哥地区的民间传统，可以推测，早在3000多年前，生活在那里的土著就有采摘并食用毒蘑菇的风俗。他们吃毒蘑菇是为了使自己产生幻觉，以此来在庆典活动中欢唱和舞蹈。这就是鼎鼎有名的印第安民族蘑菇文化。

人们在阿尔卑斯山上发现的一具足有5000多年历史的木乃伊身上，发现了三种蘑菇的碎片。早在2000多年前，人们就已经在陶器上画蘑菇当作装饰了。在古代留下的壁画中，还有人们围着魔幻蘑菇跳舞的场景。

可以说，早在数千年前，蘑菇就已经进入了人类文明之中，许多地区的人们甚至对蘑菇形成了特殊的崇拜文化。

82. 你了解中国蘑菇的种植历史吗

中国历史悠久,我们的祖先为后世创造了绚烂的物质文明和精神文明。在浩如烟海的文化遗产中,食用菌栽培也是不可忽视的一部分。

中国古人种植蘑菇的经验非常丰富。早在东汉时期,王充就在《论衡》一书中记载了紫芝的栽培方法,"芝生于土,土气和而芝草生"。三国时期,食用菌和药用菌的人工栽培就已经开始兴起了。《本草纲目》一书中就有这样的记述:"方士以木积湿处,用药敷之,即生五色芝。"中国古人用含有淀粉、糖类、有机氮化物和矿物元素等物质作为培养蘑菇的养料,这些物质对促进蘑菇的生长非常有帮助。

中国是最早发现和种植香菇的国家。宋代有一个名叫陈仁玉的,在其所著的《菌谱》一书中把香菇称为"合蕈"。在元人所著的《王祯农书》里,还记载了香菇的人工栽培方法,那就是著名的砍花法栽培香菇。现在,中、日两国的菇农很多仍在沿用这种栽培香菇的方法。浙江省庆元县还有香菇庙,用于纪念吴三公创造砍花法栽培香菇的功绩。

草菇的人工栽培也起源于中国,人工种植的草菇现在是世界栽培食用菌中的一大类,特别是在东南亚地区,栽培非常广泛。但是东南亚各国的草菇栽培技术都是华侨带去的。因此,可以说草菇是地地道道的"中国蘑菇"。

83."香菇祖师"是谁

在中国的蘑菇栽培史上,香菇的栽培一直占据着不可动摇的地位。香菇本是一种生长在山野中的蘑菇,到底是谁发明了香菇培植的技术呢?

据说,在南宋时期,浙江省庆元县一个名叫龙岩的村子里,有一个名叫吴煜的人,由于这个人在家里排行老三,所以人们都敬称他为"吴三公"。正是吴三公发明了用"砍花法"人工栽培香菇的技术。在年轻的时候,吴三公经常到县城里用扁担担盐,在走到凤阳山脚的时候,他看到榆树上长满了雨伞状的蘑菇,由于这些蘑菇看起来很鲜嫩,于是吴三公就顺手摘了几朵回家煮汤喝。结果,煮出的蘑菇汤味道鲜美,香气扑鼻,于是他便把这种蘑菇叫作"香菇"。为了让大家都吃上美味的蘑菇,第二天,吴三公就带着村民到山上摘蘑菇去了,吃不完的,他们就用火烘干储存起来,可以放到来年再吃。有一次,他随手砍掉了长满香菇的榆树败枝,不久再去摘的时候,意外地发现被砍过的地方竟然长出了更多的蘑菇。于是吴三公总结经验,发明了"砍花"种菇法,这种种菇法一直流传至今。

正是因为如此,当地后人建了许多庙祭祀吴三公,并将其奉为"菇神"。虽然"砍花法"人工栽培蘑菇确有其事,但是吴三公只是一个传说,是当地百姓在漫长的农耕文明中想象的一个形象。

84. 法国人为什么偏爱松露

提到松露，我们总是不由自主地想到法国。法国人给松露赋予"钻石"的美称，松露和鱼子酱、鹅肝酱等高级食品并列，是法国美食的"三大天王"。仅仅是一种蘑菇而已，法国人为什么对松露如此偏爱呢？

在蘑菇的世界里，松露是非常娇贵的，它们对生长环境要求很苛刻。松露多生长在阔叶树的根部，与栎树和松树能形成共生关系。松露的数量很稀少，正是因为如此，这种真菌才显得异常珍贵。松露的香味十分独特，使得它可以跻身于法国菜、意大利菜极品调味料之列。松露和其他蘑菇不一样，是生长在地下的，挖起来很难。

为了能够挖到更多的松露，法国人想了许多挖掘方法。在法国，甚至有专门的松露猎场、猎人和猎犬。松露犬对松露这种蘑菇的气味十分敏感，它们在森林里逡巡着，这儿闻闻，那儿嗅嗅，突然发现了目标，便开始用爪子在树旁刨起土来。这时候，轮到松露猎人出马了，他们拿着小铁钩跑过去，小心地将咖啡色的松露挖出来，装进随身携带的口袋里。刚采出来，松露是被泥土包裹着的，它的样子很不好看，但是，只要一剥开外皮，不但可以看到松露的表皮纹络，还能闻到一种奇异的香味。

不过，松露并不是法国的特产。在中国，四川省攀枝花周围方圆200千米，都是松露的产区。因此，攀枝花被称为"中国块菌之乡"。

85. 意大利人为什么喜欢白松露

在了解了松露之后，你大概就不会再怀疑为什么厨艺大师总是对它们如此神往了。其实，世界上并不是只有法国人喜欢松露，意大利人也喜欢松露，不过，他们更喜欢的是意大利白松露。

意大利白松露只在意大利和克罗地亚有，白松露呈现淡淡的金黄色泽、浅米色或是淡棕色，上面布满棕褐色或是奶白色的斑块或小纹理。意大利白松露的气味像是大蒜和帕马森干酪的混合。白松露有大有小，大的像苹果那么大，小的则只有高尔夫球那么大。在白松露收成最好的年份，在整个世界上也就只能收获3吨，由此可见，白松露是相当稀有的。

和松露一样，白松露也是一种调味料。白松露要生吃，如果煮熟，白松露的香味就会消失殆尽。自1950年第一次被发现以来，意大利白松露就一直是宴会中必不可少的山珍美味。白松露还受到很多知名人士的喜爱，像英国首相丘吉尔、英国影星玛丽莲·梦露、法国著名导演希区柯克，都曾品尝过意大利白松露，并深深地爱上了这种真菌。

现在，白松露的价位比刚发现的时候还要高上十倍，但是喜欢食用它的人却越来越多。野生的松露要靠猎犬才能寻得到。人们至今仍然无法实现松露的人工栽培，这都是意大利白松露价格一直居高不下的原因。

86. 为什么俄罗斯人喜欢"猎蘑菇"

俄罗斯人最爱采蘑菇。在俄罗斯，全家人一起到野外去采蘑菇不失为一项非常有趣的室外活动。

俄罗斯人称采蘑菇为"安静的狩猎"，在他们看来，到山上采一天蘑菇的收获，绝对不比拿着猎枪打一天猎的收获少，而且，这种狩猎是不流血的、没有枪声的。自古以来，俄罗斯人就对蘑菇非常热爱。在几个世纪以前，斯拉夫地区由于粮食产量低，如果哪一年遇上自然灾害，他们就不得不想办法向大自然索取食物。在大自然中，蘑菇几乎取之不尽，味道鲜美，吃过之后有饱腹感。因此蘑菇就成了人们饥饿时期非常重要的粮食替代品。俄罗斯人对蘑菇非常崇敬，这种崇敬和热爱一直持续到现在。

每年的夏秋季节，俄罗斯人都会开始蘑菇采集工作，他们最爱的就是美味的白蘑菇。在森林中，一场雨过后，白蘑菇像冒泡一样从地上拱出来。它们看起来就像一把把小白伞，将森林点缀得更加美丽。清晨，雾还未散去，人们就拿着篮子去采蘑菇了，他们往往会走到森林的深处。在俄罗斯每年都会有因为采蘑菇而失踪的人，他们对蘑菇的热爱程度可想而知！

87. 你了解中国的菌菜文化吗

中国菜中，菌菜指的就是以菌菇为主料制作的菜肴。中国菌菜的形成与发展，深受风情物产及人们的物质和精神文化生活的影响，形成了独具一格的菌菜文化。

中国菌菜文化的来源，主要有四个。第一个是战国以来，在宫廷中渐渐流行起来的"宫廷菌菜"。宫廷菌菜最大的特点就是华丽，这些菜所用的原料全是诸侯进贡的珍贵菇种，口蘑、猴头菇、虫草等名贵菌类在宫廷菜中最为常见。宫廷菌菜不但在用料和外形上讲究，连名字也起得非常富贵典雅，烘托着吉祥如意的气氛，如"御笔猴头""芙蓉竹荪"都是菌菜里的极品。第二个是自唐、宋以来，在贵族士大夫的餐桌上形成的"公府菜"。大概到了清代中期的时候，中国的烹饪技术空前发达，被人们纳入食材的菌种大大增加。第三个是随着佛教和道教的发展而渐渐形成的"寺院菜"或"斋菜"。佛教讲究"以素托荤"，寺院菜主要以"三菇六耳"为原料。第四个则是唐、宋以后，在商品经济的迅速发展下，渐渐形成的市民吃的素食菜。

这四类菜虽然各不相同，但是随着时间的发展，却彼此交融、互相借鉴，融会了中国菜肴博、精、养、雅的特点。

88. 文学作品中吟诵蘑菇的代表作有哪些

中国文化博大精深，古人更是为我们留下了数之不尽的文学作品。其中关于对蘑菇的描述有很多，无论古今，诗人总是对蘑菇充满了兴趣。

明代诗人于谦写有一首《入京》："绢帕蘑菇与线香，本资民用反为殃。清风两袖朝天去，免得闾阎话短长。"其中，"绢帕""蘑菇"及"线香"都是他当官之地的特产。不过于谦在诗中提到蘑菇却另有目的，他要借官员逼迫人们去采蘑菇这件事，来暗示朝廷统治的黑暗。

不但古人喜欢在文章中提及蘑菇，就连现代诗人也有这样的爱好。台湾诗人林良写过一首名为《蘑菇》的诗："蘑菇是 / 寂寞的小亭子 / 只有雨天 / 青蛙才来躲雨 / 晴天青蛙走了 / 亭子里冷冷清清。"这首诗虽然短小，但是读过之后，我们仿佛有种身临其境的感觉，一株株孤独站立的蘑菇，就像是一个孤零零的老人。作者用这首诗反映现代人的生活步伐太匆忙，年轻人总是忽略对老年人的照料和关怀。

如果你喜爱读文学作品，就一定会发现，描写蘑菇的诗作很多。人们总喜欢拿蘑菇作比喻。蘑菇是一种极易与诗人、作家产生共鸣的东西。当你看到蘑菇的时候，会想到什么呢？

89. 你了解蘑菇标本的采集和制作技巧吗

落叶和蝴蝶都是很容易做成标本的东西，殊不知，蘑菇也能做成标本。蘑菇不但有精美的外形，而且色彩斑斓，对于喜欢制作标本的人来说，如果不在自己的标本框中放上一朵蘑菇，那可真是莫大的遗憾。

蘑菇可不像树叶和蝴蝶，它们体内的水分太多了，又不能直接在书本中夹干，要怎么做蘑菇标本呢？下面介绍一种简单易行的制作蘑菇标本的办法。

要制作蘑菇标本，首先，要找到一株自己喜欢的蘑菇，找到后可千万别急着动手摘，我们要先用相机把蘑菇连同周围的环境一同拍摄下来，记录一下它的生长环境。其次，你可以用一把小铲子，将蘑菇连同根部的土壤或是腐木一起挖下来，注意千万别碰坏了蘑菇哦！然后，你要详细地将蘑菇的子实体中各个部分的特征都记录下来，挂上号牌，用软吸水纸将蘑菇包好。之后，你只需要将蘑菇放在通风的地方，让它自然风干就可以了。为了防止蘑菇标本变形，千万不要用火烤或是放在太阳下面暴晒。

我们制作标本的最后一步，就是将晒干的标本镶在标本盒内，为了防潮，你还可以在其中放置一小包防腐剂或是吸湿剂，因为同昆虫标本或是草木标本相比，蘑菇标本的水分实在是太多了。放了吸湿剂和防腐剂后，即使蘑菇中还有残余的水分，标本也不会发霉或是腐烂。

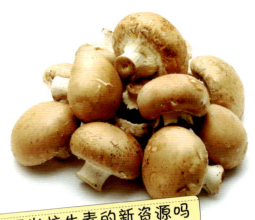

90. 蘑菇会成为开发抗生素的新资源吗

近年来，人们的生活水平逐渐提高，人们越来越关注生活的质量和品质，越来越重视健康问题。医生和营养学家们都十分推崇蘑菇类食品。他们对蘑菇如此褒奖，是因为大多数蘑菇都具有免疫活性，能够起到增强人体抵抗力及防癌抗癌等作用。蘑菇不但具有这些功能，而且还有望成为开发天然抗生素的新资源。

大肠杆菌既可以寄生在真菌体内，也可以寄生在人类的肠道之中。科学证明，真菌和人类的关系远比它们和植物界的关系更为密切，人类和真菌有许多共同的敌人，人类遭受的病害，许多真菌也可能会遇到。因此，如果人类好好研究真菌的自然防御特性，看它们是如何产生"抗生素"，以抵抗细菌入侵的，就可以从蘑菇身上学到许多抵抗细菌和病毒的方法，这对保护人类身体具有不可估量的价值。很多研究都表明，蘑菇具有非常可靠的抗菌作用。很多种类的蘑菇提取物中都有抗细菌活性，有90多种蘑菇可以有效地抑制多种微生物的生长，我们常见的香菇提取物则可以抵抗多种微生物的感染。

研究发现，云芝中富含一种高水溶性的多糖肽，这种物质有抑制艾滋病病毒（HIV）复制活性的功能。由此可见，人类对蘑菇的研究才刚刚起步。因此，说蘑菇有望成为开发新的抗生素的丰富资源，这一点儿也不夸张。

互动问答
Mr. Know All

001.蘑菇在生物学分类上属于下列哪一种？

A.动物
B.植物
C.菌类

002.菌类的菌丝体和子实体有什么区别？

A.都是繁殖器官
B.一个是营养器官，一个是繁殖器官
C.都是营养器官

003.蘑菇的形态和种类很多，但它们在什么方面是一样的？

A.构成
B.作用
C.颜色

004.下列关于蘑菇的表述有误的是哪一项？

A.有许多蘑菇不但能吃，而且具有很高的营养价值
B.所有种类的蘑菇都是可食用的
C.有的蘑菇则具有治病救人的独特疗效

005.下列关于蘑菇子实体的说法，有误的是哪项？

A.不同种类的蘑菇，其子实体在大小、形状、颜色、质地和高矮等方面都有很大的差别
B.子实层体包括菌盖、菌管和子实层
C.子实体都是由菌盖、子实层体（包括菌褶、菌管和子实层）、菌柄、菌托、菌环五部分组成的

006.下列关于菌盖的说法有误的是哪一项？

A.子实体上部好像一顶帽子似的那一部分就是菌盖
B.菌盖的形状和颜色因蘑菇种类不同而各异
C.菌盖的形状各有不同，但颜色大同小异

007.下列关于菌管和菌褶的表述有误的是哪一项？

A.菌管就是呈管状的子实层体
B.菌褶的颜色不会随着蘑菇的生长而发生变化
C.菌褶指的就是生在菌盖下面的皱褶部分

008.蘑菇是植物吗？

A.是
B.不是

009.下列哪一项不属于蘑菇和植物的区别？

A.蘑菇的细胞中不含有叶绿素，但植物体内都含有叶绿素

B.蘑菇和植物的繁殖方式也不尽相同

C.蘑菇和植物都可以生长在地上，并从土壤中吸收营养

010.蘑菇可以进行光合作用吗？

A.可以

B.不可以

011.蘑菇的繁殖方式是下列哪一项？

A.孢子繁殖

B.无性繁殖

C.种子繁殖

012.在林奈的分类中，植物的特点是什么？

A.能够分解生物的残骸

B.可以进行光合作用，吸收无机物以促进个体生长的生物

C.能够进行新陈代谢以有机物为食物的生物

013.在《植物种志》一书中，根据植物开的花把植物分成了多少个纲目？

A.12个

B.24个

C.42个

014.林奈最早提出的生物界的分类模式是下列哪一项？

A.动物界和植物界

B.动物界、植物界和真菌界

C.原核生物界、原生生物界、动物界、植物界和真菌界

015.蘑菇是什么的泛称？

A.有明显子实体的菌类

B.香菇

C.口蘑

016.下列哪部中国著作对蘑菇有专门的记载？

A.《论语》

B.《史记》

C.《本草纲目》

017. 下列哪一项不是古代中国对蘑菇的称法？

A. 蕈
B. 真菌
C. 麻菰

018. 什么人把蘑菇称为"植物肉"？

A. 东方人
B. 美国人
C. 欧洲人

019. 蘑菇为何在没有光的地方也能生存？

A. 因为它们怕光
B. 因为不必通过光合作用来促进自身的生长
C. 因为它们自身会发光

020. 下列哪一项不是蘑菇的生态适应类型？

A. 自养
B. 共生
C. 腐生

021. 为什么把蘑菇称为大自然中小小的"清道夫"？

A. 它们吸收二氧化碳
B. 它们分解、清除了大自然中的腐物
C. 它们可以消灭害虫

022. 什么样的蘑菇是"共生真菌"？

A. 吸收植物的营养
B. 分解、清除了大自然中的腐物
C. 使自己的菌丝跟植物的根连在一起

023. 有"世界菇"之称的是下列哪种蘑菇？

A. 双孢蘑菇
B. 香菇
C. 草菇

024. 下列哪一项不是双孢菇的别称？

A. 洋菇
B. 白蘑菇
C. 白环蘑

025. 双孢蘑菇的颜色是怎样的？

A. 红色和褐色
B. 白色、灰白色、淡黄色和褐色
C. 白色和浅蓝色

026. 双孢蘑菇非常喜欢呼吸空气，它吸收的是什么？

A. 氧气
B. 二氧化碳
C. 灰尘

027. 下列哪一项不属于蘑菇的三大分类之一？

A. 子囊菌门
B. 担子菌门
C. 壶菌门

028. 真菌学家将蘑菇分为三大类的依据是什么？

A. 蘑菇产生孢子的方式的不同
B. 蘑菇的形状和颜色
C. 蘑菇能否食用

029. 据生物学统计，地球上大约有多少种真菌？

A. 60万
B. 100万
C. 150万

030. 下列关于"子囊菌"的说法有误的是哪一项？

A. "子囊菌"的孢子是在一种叫作"子囊"的生物组织中诞生的
B. 冬虫夏草、块菌和羊肚菌都不属于子囊菌
C. 大部分子囊菌都生活在地上，以"腐生""寄生"和"共生"的方式获得养料，以促进自身的生长

031. 目前已知的形成子实体的大型真菌有多少种？

A. 28700多种
B. 3000多种
C. 500多种

032. 下列哪项不是担子菌的子实体的特点？

A. 大小不一
B. 大小相同
C. 形状各异

033. "担子菌"的名字是怎么来的？

A. 它最大的特点就是可以长成子囊孢子
B. 因它们的外形而得名
C. 它最大的特点就是可以长成担子和担孢子

034. 下列关于担子菌的表述有误的是哪一项？

A. 在长成担子的过程中，菌丝体会发生一系列变化，形成"锁状连合"结构
B. 担子菌在成熟的过程中，会生成初生菌丝和次生菌丝
C. 初生菌丝和次生菌丝都是单核菌丝

035.蘑菇有种子吗？

A.有
B.没有

036.蘑菇的繁殖依靠的是什么？

A.孢子
B.根部
C.菌盖

037.蘑菇的孢子其实质是什么？

A.一种花
B.一种种子
C.一种生殖细胞

038.下列关于孢子的说法有误的是哪一项？

A.孢子分为无性的和有性的两大类
B.有性的孢子能自己生成菌丝体，而无性的孢子则不能
C.生物学家们还依据孢子发育和结构的不同给它们起了不同的名字

039.下列关于菌丝的说法有误的是哪一项？

A.大多数真菌的结构都离不开菌丝
B.蘑菇的菌丝都是无隔菌丝
C.菌丝是一种管状的单条的丝状结构

040.根据菌丝间有无间隔，可以将菌丝分为哪两大类？

A.基内菌丝和有隔菌丝
B.孢子菌丝和无隔菌丝
C.无隔菌丝和有隔菌丝

041.下列哪一项不属于菌丝的分类？

A.无隔菌丝
B.半隔菌丝
C.有隔菌丝

042.作为蘑菇的营养体的菌丝体是如何形成的？

A.由菌丝聚集在一起形成
B.孢子扩散形成的
C.子实体衍生出的

043.下列关于蘑菇的子实体的说法有误的是哪一项？

A.不同蘑菇的子实体在颜色、尺寸上有很大的差别
B.子实体指的是蘑菇露出土壤或者腐木枯叶等基质的部分
C.子实体主要指的是蘑菇的菌盖

044.蘑菇的菌丝体有什么作用？

A.长出孢子，以供蘑菇生殖繁衍

B.从基质中吸取养分，供给蘑菇的生长

C.使蘑菇能够不倒伏

045.成熟的蘑菇子实体不包括下列哪一部分？

A.菌丝体

B.菌盖

C.菌托

046.下列哪一项是蘑菇可以产生孢子的部位？

A.子实层

B.菌丝体

C.菌环

047.下列关于蘑菇子实体的说法有误的是哪一项？

A.蘑菇不同，其子实体形状也不尽相同

B.不管什么种类的蘑菇，其子实体形状都是伞状

C.子实体的形状像伞的菌类就叫伞菌

048.除伞菌外，根据蘑菇子实体的形状来对它们进行分类，大致可以分为几种？

A.三种

B.两种

C.五种

049.下列哪种蘑菇属于褶菌类？

A.香菇

B.灵芝

C.冬虫夏草

050.木耳属于下列哪一种菌类？

A.非褶菌类

B.胶质菌类

C.腹菌类

051.蘑菇的菌盖通常没有下列哪种形状？

A.伞形、帽形、钟形

B.半球形、漏斗形

C.心形、穗形

052.下列哪一项不是菌盖的组成部分？

A.表皮

B.菌柄

C.菌肉

053. 蘑菇颜色的秘密在哪里？

A. 菌盖的表皮层上的菌丝所含的色素
B. 菌柄上
C. 菌褶上

054. 菌褶通常长在哪里？

A. 菌柄上
B. 菌盖下面
C. 菌环上

055. 蘑菇的菌柄的质地通常没有下列哪种？

A. 肉质的、脆骨质的
B. 蜡质的、纤维质的
C. 纸质的、麻质的

056. 下列哪种形状不是蘑菇的菌柄的常见形状？

A. 三角形
B. 圆柱形
C. 棒形

057. 蘑菇的菌柄通常是空心的还是实心的？

A. 全是实心的
B. 既有空心的也有实心的
C. 全是空心的

058. 下列哪一项不是蘑菇的菌柄的作用？

A. 支撑菌盖
B. 为菌盖输送养料
C. 进行光合作用

059. 在发育早期，蘑菇的子实体外面蒙着的那层膜叫什么？

A. 外菌幕
B. 菌盖表皮
C. 菌褶

060. 在蘑菇的子实体渐渐成熟的过程中，较薄的外菌幕往往会怎样？

A. 越长越厚
B. 突然消失
C. 逐渐消失

061. 蘑菇的菌托是什么形成的？

A. 菌柄
B. 外菌幕
C. 内菌幕

062. 下列关于蘑菇的菌托的说法正确的是哪一项？

A. 不同种类的蘑菇菌托也不尽相同
B. 菌托上缘的形状都是波状的
C. 菌托都是杯状的，没有其他形状

063. 下列关于蘑菇的菌环和菌托的说法正确的是哪一项？

A. 蘑菇的菌环大多长在菌柄上部
B. 菌环与菌托是同一个概念
C. 蘑菇的菌环大多长在菌柄中部

064. 蘑菇的菌环其实是什么形成的？

A. 外菌幕
B. 内菌幕
C. 菌丝

065. 蘑菇的内菌幕指的是什么？

A. 菌盖外层的一层薄膜
B. 菌柄内生长的一种物质
C. 菌褶上覆盖的那一层膜

066. 既有菌环又有菌托的蘑菇不包括下列哪种？

A. 长根菇
B. 毒伞菇
C. 毒蝇伞

067. 蘑菇的子实层体指的是什么？

A. 长在蘑菇的菌盖下面可以产生子实层的部分
B. 长在蘑菇的菌柄内部可以产生子实层的部分
C. 长在蘑菇的菌盖上面可以产生子实层的部分

068. 下列关于子实层体的说法正确的是哪一项？

A. 叶片状的子实层体就是菌管，而呈现管状的子实层体就是菌肉
B. 蘑菇的子实层体都是管状的
C. 叶片状的子实层体就是菌褶，而呈现管状的子实层体就是菌管

069. 蘑菇的菌褶的中间是什么？

A. 子实层
B. 菌髓细胞
C. 内菌幕

070. 下列关于蘑菇的菌管的表述，正确的是哪一项？

A. 菌管大多呈直线状排列
B. 不同的蘑菇，其菌管都是相同的
C. 有的菌管彼此之间很容易分开，有的则不能分开

071. 蘑菇会用警戒色和保护色保护自己吗？

A.会
B.不会

072. 下列哪种蘑菇不是利用警戒色和保护色隐藏自己的高手？

A.茶耳
B.香菇
C.白耙齿菌

073. 下列颜色艳丽的蘑菇中属于毒蘑菇的是哪一种？

A.橙盖鹅膏
B.双色牛肝菌
C.毒蝇鹅膏

074. 下列关于蘑菇的警戒色和保护色的表述正确的是哪一项？

A.颜色是判别蘑菇有毒与否的唯一标准
B.所有艳丽的蘑菇都有毒
C.蘑菇的保护色或警戒色，都是蘑菇保护自己不受侵犯的生存方式的体现

075. 在生态系统中，真菌扮演着哪种角色？

A.生产者
B.分解者
C.消费者

076. 生态系统中的生产者和消费者生存或者死亡后形成的废物属于下列哪种物质？

A.无机物
B.有机物

077. 经过初次分解后遗留下来的难以分解的基质由谁来分解？

A.细菌和腐生真菌
B.小动物
C.小虫子

078. 为什么说蘑菇与其他生物的关系是十分密切的？

A.因为所有的动物都爱吃蘑菇
B.因为蘑菇可以释放氧气
C.蘑菇可以将动、植物的残骸分解为可供植物的根系吸收、利用的无机成分

079.被昆虫食用过的蘑菇都是无毒的吗？

A.肯定是无毒的
B.可能无毒也可能有毒
C.肯定是有毒的

080.下列哪种昆虫的幼虫以有毒植物为食？

A.帝王蝶的幼虫
B.蝉的幼虫
C.瓢虫的幼虫

081.吃蘑菇的昆虫大致可以分为几类？

A.只有一类
B.四大类
C.两类

082.下列哪种昆虫吃过的蘑菇可能有毒？

A.变成蛾的衣蛾
B.蕈甲
C.蕈蚊

083.广义的食用蘑菇包括哪些？

A.一切可供食用、药用的真菌
B.所有可供人们食用的大型真菌
C.所有可供食用和药用的大型真菌

084.下列哪种食用蘑菇属于草生菌？

A.松茸
B.口蘑
C.牛肝菌

085.世界上目前已知可供食用的蘑菇有多少种？

A.200多种
B.2000多种
C.500多种

086.下列关于人工栽培蘑菇的说法正确的是哪一项？

A.目前人工栽培的蘑菇还没有药用蘑菇
B.目前所有的可食用蘑菇都能大面积人工栽培出来
C.人工栽培的蘑菇，不但有可以食用的蘑菇，还有许多具有极高的药用价值

087.猴头菇中不含有下列哪种成分？

A.多种维生素和糖类
B.许多矿物质成分
C.多种致命毒素

088.猴头菇通常不会长在什么地方？

A.沙漠中
B.阔叶木的断面上
C.阔叶木的树洞里

089.成熟后的猴头菇通常是什么颜色？

A.白色的
B.黄棕色的
C.褐色的

090.猴头菇中含有多少种氨基酸？

A.16种
B.8种
C.4种

091.被称为平菇的菇种有多少种？

A.只有一种
B.10多种
C.40多种

092.从生物学上来讲，平菇专指哪一类蘑菇？

A.糙皮侧耳类蘑菇
B.伞菌
C.棒形真菌

093.下列哪一项不是姬菇的别名？

A.小蘑菇
B.姬松茸
C.玉蕈

094.下列哪项是平菇的特点？

A.它的菌盖呈扇状，看上去平平的
B.平菇对环境很挑剔，不容易养活
C.所有的平菇均可食用

095.下列哪项对金针菇的表述是不正确的？

A.菌柄细细长长的
B.菌盖上长了许多金针
C.菌柄上顶着一个豆粒大小的菌盖

096.野生的金针菇喜欢生活在哪里？

A.喜欢生长在阴暗潮湿的草丛中
B.喜欢生长在背阴的墙角
C.喜欢生长在榆树、柳树、白杨等阔叶木的枯干或树桩上

097.金针菇的学名叫什么？

A.绒柄金钱菌
B.黄白小菇
C.安络小皮伞

098.金针菇为什么有"益智菇"的美名?

A.金针菇中富含的赖氨酸有益于促进少儿的智力发育

B.金针菇中富含的氨基酸能够促进少儿的身体发育

C.金针菇中富含的钾能够促进少儿的情商发育

099.被誉为"菌中之冠"的食用菌是下列哪种?

A.香菇
B.银耳
C.金针菇

100.下列对银耳的描述不正确的是哪一项?

A.银耳是一种长在枯木上的真菌,属于肉质菌类

B.银耳有开胃补脾、清肠益气、润肺滋阴的功效

C.它的颜色雪白,有白木耳、雪耳的称号

101.银耳的发源地在哪里?

A.中国福建
B.中国四川
C.中国江苏

102."中国食用菌之都"指的是哪里?

A.长春
B.成都
C.古田

103."中餐中的黑色瑰宝"是人们对哪种蘑菇的美称?

A.香菇
B.牛肝菌
C.木耳

104.野生的木耳喜欢生长在什么地方?

A.草丛中

B.腐朽的树木上,榆树、杨树、栎树、榕树和洋槐树等阔叶树上,针叶类的冷杉树上

C.树叶上

105.下列关于木耳的表述正确的是哪一项?

A.木耳是一种药食两用的食用菌
B.木耳的子实体是肉质的
C.木耳属于子囊菌的一种

106.木耳不具备下列哪种功效？

A.清洁肠胃
B.润肺活血
C.止泻

107.下列哪一项不是香菇的别名？

A.兰花菇、苞脚菇
B.香蕈、椎耳
C.香信、厚菇

108.香菇是世界第几大食用菌？

A.第一
B.第二
C.第三

109.下列哪本书中详细地记载了中国人工栽培香菇的过程？

A.《天工开物》
B.《龙泉县志》
C.《本草纲目》

110.香菇的香味主要来自什么？

A.氨基酸
B.矿物质
C.香菇精

111.下列哪一项不是鸡㙡菌的别名？

A.鸡腿菇
B.伞把菇、夏至菌
C.鸡肉丝菇、白蚁菰

112.野生鸡㙡菌的产地主要在哪里？

A.中国东北地区
B.中国东南部和西南部的大部分省区
C.中国西北地区

113.鸡㙡菌通常和哪种昆虫共生？

A.白蚁
B.金龟子
C.草蜢

114.下列关于鸡㙡菌的表述，正确的是哪一项？

A.鸡㙡菌的菌盖表面通常是红色的
B.成熟后的鸡㙡菌的菌盖通常呈辐射状开裂，或者边缘翻起
C.鸡㙡菌只有单生的，没有群生的鸡㙡菌种类

115. "菌中皇后"是下列哪种菌类的美称?

A. 松露
B. 香菇
C. 竹荪

116. 下列哪种蘑菇不是"四珍"中的菌类?

A. 杏鲍菇
B. 猴头菇
C. 竹荪

117. 中国野生竹荪难得的原因不包括下列哪一项?

A. 野生竹荪对生长环境很挑剔,生长区域有限
B. 野生竹荪长相不起眼,人们看不到它们
C. 野生竹荪的生长期间很短

118. 关于竹荪的分布区域下列表述有误的是哪一项?

A. 在世界上很多国家和地区都有竹荪的分布
B. 竹荪在中国西南省区分布较广,品质最优
C. 只有中国境内才有竹荪分布

119. 下列哪一项不是鸡腿菇的别名?

A. 舞茸
B. 毛头鬼伞
C. 刺毛菇

120. "菌中新秀"指的是下列哪种蘑菇?

A. 金耳
B. 鸡腿菇
C. 香菇

121. 下列关于鸡腿菇的表述正确的是哪一项?

A. 鸡腿菇没有药用价值
B. 所有的鸡腿菇种类都是可食用的
C. 鸡腿菇有许多品种都不能食用,保鲜不好的话容易产生毒素

122. 西方的许多国家开始进行鸡腿菇的人工栽培是在什么时候?

A. 19 世纪中后期
B. 20 世纪中后期
C. 18 世纪中后期

123.羊肚菌属于下列哪类真菌？

A.担子菌

B.子囊菌

C.接合菌

124.美国在世界上首次室内栽培成功羊肚菌的子实体是在什么时候？

A.20 世纪 50 年代

B.20 世纪 20 年代

C.20 世纪 80 年代

125.下列关于羊肚菌的说法正确的是哪一项？

A.羊肚菌的食用价值和药用价值都很高

B.羊肚菌主要是人工栽培出来的

C.羊肚菌是人们在 1819 年发现的

126.中国关于羊肚菌的最早记载是在哪本书中？

A.《神农本草经》

B.《本草纲目》

C.《黄帝内经》

127.下列关于草菇的说法正确的是哪一项？

A.草菇和兰花菇是两种完全不同的蘑菇

B.草菇的菌盖呈伞状，通常是黄褐色的

C.草菇喜欢长在潮湿腐烂的稻草里

128.草菇原产于哪里？

A.中国

B.印度尼西亚

C.日本

129.草菇喜欢生长在什么样的环境中？

A.寒冷干燥的高纬地区

B.高温潮湿的热带、亚热带地区

C.沙漠和草原上

130.草菇是世界上第几大栽培食用菌？

A.第一

B.第二

C.第三

131.姬松茸原产于何处？

A.欧洲

B.大洋洲

C.北美洲和南美洲

132.姬松茸在哪个季节生长最旺?

A.春季

B.夏秋季节

C.冬季

133.下列关于姬松茸的表述正确的是哪一项?

A.姬松茸属于担子菌类中的伞菌

B.姬松茸又称鸡油菌、老鹰菌

C.姬松茸菌盖的颜色一般呈白色

134.姬松茸中所含的什么对抑制肿瘤、防治心血管疾病有很好的效用?

A.氨基酸

B.矿物质

C.甘露聚糖物质

135.下列关于药用真菌的表述正确的是哪一项?

A.生长发育过程中,能从子实体、菌丝体和菌核中产生一些具有药理活性的物质

B.药用真菌只能帮助人们预防却不能治疗疾病

C.药用真菌所产生的药理活性物质不包括多糖和甾醇

136.下列哪本书中没有记录真菌的药效?

A.《神农本草经》

B.《本草纲目》

C.《史记》

137.下列哪种真菌不属于传统药用真菌?

A.灵芝

B.冬虫夏草

C.树花

138.下列哪种真菌不属于新的药用真菌?

A.茯苓

B.安络小皮伞

C.槐栓菌

139.下列哪种真菌被喻为"四时神药"?

A.茯苓

B.猴头菇

C.竹荪

140.茯苓通常寄生在哪里?

A.草丛中

B.白蚁窝中

C.松树的根部

141. 茯苓的菌肉是什么颜色的？

A.深褐色

B.淡粉色或白色

C.淡黄色

142. 茯苓在中国的主要产地在哪里？

A.安徽、湖北和云南

B.广东和广西

C.西藏和新疆

143. 灵芝的原产地在哪里？

A.北欧

B.非洲

C.中国、日本和朝鲜半岛

144. 灵芝是下列哪种菌类？

A.腐生菌

B.共生菌

C.寄生菌

145. 世界上目前已知的灵芝种类有多少种？

A.20 多种

B.200 多种

C.2000 多种

146. 下列关于灵芝的表述正确的是哪一项？

A.灵芝，也叫赤芝、瑞草、红芝或者万年蕈，属于麦角菌科的真菌

B.菌盖一般是半圆形的，也有不规则的圆形或者肾形的

C.菌柄大多是偏生的，也有极少数是侧生的

147. 冬虫夏草的藏语名字雅扎贡布是什么意思？

A.冬天的一种虫子

B.长角的真菌

C.长角的虫子

148. 冬虫夏草属于下列哪个科的真菌？

A.麦角菌科

B.多孔菌科

C.白蘑科

149. 中国的冬虫夏草主要分布在哪里？

A.青藏高原

B.东北三省

C.华北平原

150.冬虫夏草的子囊孢子吸收哪里的营养让菌丝萌芽？

A.植物根部的营养
B.虫子体内的营养
C.土壤里的营养

151.下列哪一项不是灰树花的别名？

A.地鸟桃
B.云蕈
C.贝叶多孔菌

152.下列对灰树花的描述正确的是哪一项？

A.灰树花通常孤零零地长在橡树的树枝上
B.灰树花的生长季节是春季
C.灰树花是既可以入药又可以食用的真菌

153.灰树花最先是由哪国人发现并命名的？

A.美国人
B.意大利人
C.日本人

154.在中国河北一带，人们习惯称灰树花为什么？

A.千佛菌
B.莲花菇
C.栗蘑

155.下列哪项不是猪苓的别称？

A.地鸟桃
B.茯苓
C.豕苓

156.猪苓是哪个科的真菌？

A.多孔菌科
B.麦角菌科
C.白蘑科

157.猪苓通常喜欢生长在何处？

A.草原上
B.阔叶林或混交林的地下
C.沙漠地区

158.下列关于猪苓菌核的表述正确的是哪一项？

A.通常呈红色
B.都是圆形的
C.具有消水肿和利尿的功效

159. 下列长在哪种树上的菌类不属于"五耳"之一？

A. 松树
B. 桑树
C. 槐树

160. 下列哪一项是槐耳的别名？

A. 猪茯苓
B. 槐栓菌
C. 舞茸

161. 下列对槐耳的描述正确的是哪一项？

A. 槐耳和木耳是同一种类
B. 槐耳的生长和采摘季节通常是在冬季
C. 槐耳是生长在槐树树干上的一种真菌

162. 槐耳是哪个科的真菌种类？

A. 麦角菌科
B. 多孔菌科
C. 白蘑科

163. 下列哪种真菌是悬挂在白蚁洞穴中生长的？

A. 松茸
B. 茯苓
C. 乌灵参

164. 下列哪一项不是乌灵参的别名？

A. 何首乌
B. 鸡㙡蛋
C. 雷震子

165. 乌灵参是哪个科的真菌？

A. 麦角菌科
B. 炭角菌科
C. 多孔菌科

166. 野生乌灵参的采收时节一般是什么时候？

A. 冬季
B. 秋季
C. 春夏季节

167. 下列哪一项不是桑黄的别称？

A. 桑耳
B. 桑白皮
C. 针层孔菌

168. 桑黄通常长在哪些树上？

A. 菩提树、银杏树、悬铃木
B. 柠檬树、黑胡桃树、香樟树
C. 桑树、杨树、柳树、桦树和栎树

169.野生的桑黄主要分布在下列哪些国家？

A.美国和加拿大
B.新西兰和澳大利亚
C.中国、俄罗斯、日本、韩国和朝鲜

170.桑黄是哪个科的真菌？

A.锈革孔菌科
B.炭角菌科
C.多孔菌科

171.茯苓和土茯苓的区别是什么？

A.二者没有区别，都是真菌
B.茯苓是真菌，土茯苓是植物
C.茯苓是植物，土茯苓是真菌

172.茯苓是哪个科的真菌？

A.锈革孔菌科
B.炭角菌科
C.多孔菌科

173.下列关于土茯苓的表述正确的是哪一项？

A.又名红猪苓、过山龙
B.是百合科的一种常绿灌木
C.喜欢生长在白蚁窝中

174.茯苓和土茯苓的共同点是什么？

A.都可以入药
B.都是百合科植物
C.都是多孔菌科真菌

175.蘑菇会变色的原因不包括下列哪一项？

A.生长发育引起的
B.为了漂亮和引人注意
C.融入环境保护自己

176.会变色的蘑菇都有毒吗？

A.是的
B.不全是

177.蘑菇哪一部位的颜色通常十分复杂？

A.菌柄
B.菌盖
C.菌环

178.蘑菇的菌盖何以呈现出不同的颜色？

A.菌盖的菌丝中含有不同的色素
B.因为菌盖会进行光合作用
C.因为菌盖受到雨水的滋润

179. 下列哪种蘑菇是无毒的？

A. 柠檬黄伞
B. 褐云斑鹅膏
C. 灵芝

180. 吃了"柠檬黄伞"和"褐云斑鹅膏"之后会有什么症状？

A. 可以清热解毒
B. 产生彩色幻视症
C. 可以消肿止痛

181. 毒蘑菇为何有助于植树造林？

A. 毒蘑菇可以成为树木的营养来源
B. 毒蘑菇可以提高树苗的成活率
C. 毒蘑菇可以使人们不敢砍伐树木

182. 下列哪项不是毒蘑菇的作用？

A. 药用
B. 食用
C. 观赏

183. 下列关系"胃肠炎型"蘑菇中毒的表述不正确的是哪一项？

A. 属较轻的中毒类型
B. 会出现无力、恶心、呕吐的症状
C. 出现瞳孔缩小、幻觉、步态蹒跚等状况

184. "神经精神型"蘑菇中毒有何表现？

A. 会出现瞳孔缩小、幻觉、步态蹒跚等状况
B. 会出现贫血、肝肿的现象
C. 会出现无力、恶心、呕吐的症状

185. "溶血型"蘑菇中毒的潜伏期通常是多久？

A. 6～8小时
B. 11～12小时
C. 6～12小时

186. 下列哪种蘑菇中毒类型是造成死亡率较高的一种？

A. 胃肠炎型
B. 肝脏损害型
C. 光过敏性皮炎型

187. 毁灭天使菌主要分布在哪里？

A. 亚洲
B. 欧洲
C. 大洋洲

188.毁灭天使菌的菌柄、菌环、菌褶和菌盖表面往往都是什么颜色的?

A.粉色的
B.褐色的
C.白色的

189.毁灭天使菌的致命毒素主要是什么?

A.蝇蕈素
B.毒肽
C.毒伞肽

190.误食毁灭天使菌中毒的潜伏期是多长时间?

A.20分钟
B.1～2小时
C.8～24小时

191.大鹿花菌的子实体类似于什么形状?

A.葫芦状
B.马鞍状
C.雨伞状

192.误食白毒鹅膏菌后会引起哪种蘑菇中毒类型?

A.光过敏性皮炎型
B.溶血型
C.肝脏损害型

193.下列哪种蘑菇不属于毒蘑菇?

A.毒鹅膏菌
B.灰树花
C.毒蝇鹅膏菌

194.下列哪项不属于细环柄菇的特点?

A.子实体较大
B.子实体中央有褐色的鳞片
C.菌环的下面有絮状或毛状的鳞片

195.下列哪项不是毒鹅膏菌的别称?

A.绿帽菌
B.鬼笔鹅膏
C.白毒鹅膏菌

196.下列对毒鹅膏菌的表述,正确的是哪一项?

A.子实体均偏小
B.在发育时期,菌盖通常是卵圆形和钟形的
C.菌盖表面很粗糙,有波状纹路

197. 毒鹅膏菌的菌肉、菌褶和菌柄都是什么颜色的?

A. 白色的
B. 褐色的
C. 绿色的

198. 毒鹅膏菌在中国主要分布在哪里?

A. 西北各省区
B. 华北各省区
C. 南方各省区

199. 有毒的蘑菇都是担子菌种类吗?

A. 是的
B. 不全是

200. 下列关于毒蘑菇的说法正确的是哪一项?

A. 毒蘑菇虽然不能食用,但直接碰触没关系
B. 毒蘑菇的数量极多
C. 毒蘑菇既不可以食用,也不可以随意接触

201. 毒伞、白毒伞等蘑菇有何特点?

A. 一旦受伤,就会变色
B. 颜色和普通蘑菇不一样
C. 样子很奇特

202. 豹斑毒伞之类的蘑菇生的是什么虫?

A. 大青虫
B. 瓢虫
C. 蛆虫

203. 下列哪种真菌容易被误认为是蘑菇?

A. 黏菌和地衣
B. 冬虫夏草
C. 羊肚菌

204. 下列对黏菌的描述正确的是哪一项?

A. 是子囊菌
B. 是担子菌
C. 属于黏菌门

205. 黏菌依靠什么来吸收营养?

A. 吸收土壤中的营养
B. 吞噬的方法
C. 光合作用

206. 下列对地衣的描述正确的是哪一项？

A. 是子囊菌

B. 是一种菌藻共生体

C. 是担子菌

207. 草腐菌是以什么为主要原料进行栽培种植的？

A. 农作物的秸秆

B. 阔叶木的木屑

C. 土壤

208. 在中国，目前已知的木腐菌种类有多少种？

A. 100 多种

B. 50 多种

C. 500 多种

209. 为什么说木腐菌是一种有害的真菌？

A. 它们散发出臭味

B. 在生长的同时毁掉了寄生的树木

C. 它们全都有毒

210. 根据其腐朽情况的不同，可以把木腐菌分为几种？

A. 三种

B. 四种

C. 五种

211. 通过和高等植物的根系形成共生关系，来促进自身生长的真菌叫什么？

A. 外生菌根菌

B. 内生菌根菌

C. 外生菌株

212. 中国目前已知的外生菌根菌有多少种？

A. 400 多种

B. 500 多种

C. 600 多种

213. 在中国，能产生外生菌根菌的树木主要有哪些？

A. 刺桐、广玉兰、苏铁

B. 松树、柳树、枫树、椴树、栎树、胡桃树和桦木科的一些种类

C. 洋紫荆、香樟树、女贞

214.下列哪一项不是外生菌根菌的好处？

A.使木材的产量大大提高

B.附带着为林业生产提供了大量美味可口的蘑菇等副产品

C.腐蚀林木，致使树木死亡

215.下列关于蘑菇的表述正确的是哪一项？

A.蘑菇中的氨基酸种类和含量都极少

B.蘑菇的营养价值可以和牛奶相媲美

C.蘑菇的营养价值比肉类和豆类都高

216.买蘑菇的时候，为什么不能买熟得太透的？

A.这种蘑菇已经渐渐开始变质了

B.这种蘑菇通常有毒

C.这种蘑菇不易于烹饪

217.下列哪一特征不能说明蘑菇快要变质了？

A.蘑菇根部发黄变软

B.菌盖腐烂、发黏

C.菌盖平滑

218.下列哪项不是挑选优质蘑菇的方法？

A.看外形

B.生吃尝味道

C.嗅气味

219.恶魔雪茄是哪个科的真菌种类？

A.平盘菌科

B.锈革孔菌科

C.炭角菌科

220.目前已知的恶魔雪茄的分布区域有哪些？

A.法国和意大利

B.美国的得克萨斯州和日本的奈良

C.新西兰和澳大利亚

221.下列哪个不是恶魔雪茄的特点？

A.数量很少、外形很奇特

B.分布的地区很广

C.分布区域有限

222.当恶魔雪茄成熟释放孢子时，不会怎样？

A.发出明显的"嘶嘶"声

B.冒出烟雾

C.变成彩色

223. 鹿花菌最喜欢生长在哪种树下？

A. 梧桐树
B. 槐树
C. 松树

224. 鹿花菌是哪个科的真菌种类？

A. 平盘菌科
B. 锈革孔菌科
C. 炭角菌科

225. 下列对鹿花菌的表述正确的是哪一项？

A. 成熟的鹿花菌是不规则的人的大脑形状
B. 每年的12月份是采摘鹿花菌的最佳时期
C. 成熟的鹿花菌的菌盖通常是白色的

226. 鹿花菌素溶水后产生的一甲基肼会影响人的什么功能？

A. 排汗功能
B. 肝、肾和神经系统的功能
C. 心、肺和消化功能

227. 下列哪一项不是血齿菌的别名？

A. 血牙真菌
B. 魔鬼的牙齿
C. 血红菇

228. 血齿菌白色的菌盖上有什么？

A. 鲜红的液体
B. 蓝色的迷雾
C. 粉色的花朵

229. 血齿菌上的红色液体是怎么回事？

A. 受伤的动物洒上的
B. 从血齿菌自己的气孔中渗透出来的
C. 血齿菌腐烂后生成的

230. 血齿菌主要分布在哪里？

A. 澳大利亚和新西兰
B. 南非和摩洛哥
C. 美国西北太平洋沿岸和中欧地区的松树林中

231. 马勃是属于下列哪个类群的真菌？

A. 担子菌门
B. 子囊菌门
C. 接合菌门

232.在没有成熟的时候,马勃的可食用的菌肉通常是什么颜色的?

A.黄色的
B.白色的
C.褐色的

233.巨形秃马勃没有下列哪一部分?

A.根基
B.菌柄
C.菌盖

234.成熟的马勃释放出的黑烟其实是什么?

A.花粉
B.气味
C.粉状孢子

235.名为"火鸡尾巴"的真菌的学名叫什么?

A.蓝芝
B.云芝
C.灵芝

236.云芝是哪个科的真菌?

A.平盘菌科
B.炭角菌科
C.多孔菌科

237.云芝的表面是什么质地的?

A.革质
B.油质
C.水质

238.下列对于云芝的表述正确的是哪一项?

A.云芝的菌肉通常是灰褐色的
B.云芝属于草腐菌种类
C.云芝既可以食用又可以药用

239.天蓝蘑菇属于下列哪种蘑菇类群?

A.担子菌门
B.子囊菌门
C.接合菌门

240.目前已知的天蓝蘑菇主要生长在哪里?

A.美国和加拿大
B.新西兰和印度
C.挪威和丹麦

241.天蓝蘑菇的孢子是什么颜色?

A.黑色的
B.红色的
C.蓝色的

242. 天蓝蘑菇通体蓝色的原因是什么？

A. 它生长的土壤里含有特殊的金属矿物质
B. 它含有花青素和栀子蓝色素
C. 它的子实体内的三种甘菊环烃相互作用而形成的

243. 被称为"萨堤罗斯的胡子"的真菌指的是下列哪种蘑菇？

A. 金针菇
B. 冠锁瑚菌
C. 胡须齿菌

244. 下列哪一项不是胡须齿菌的别名？

A. 粉灰紫湿伞
B. 刺猬菇
C. 带须牙齿蘑菇

245. 胡须齿菌往往生长在哪里？

A. 土壤中
B. 腐朽的木质植物上
C. 草丛中

246. 下列关于胡须齿菌的表述不正确的是哪一项？

A. 胡须齿菌可以减少人体血液中糖的含量
B. 胡须齿菌只可药用不能食用
C. 胡须齿菌具有抗氧化的功效

247. 狗蛇头菌主要分布在哪里？

A. 北美洲的东北部和欧洲地区
B. 澳大利亚和新西兰
C. 非洲撒哈拉地区

248. 狗蛇头菌属于下列哪种蘑菇的类群？

A. 平盘菌科
B. 鬼笔科
C. 炭角菌科

249. 狗蛇头菌菌盖顶端的黑色部分是什么？

A. 鼻涕虫
B. 苍蝇屎
C. 黏性孢头

250.狗蛇头菌利用什么方法传播孢子？

A.通过风

B.散发吸引昆虫的臭味，让它们将孢子带到远处

C.通过雨水

251.下列哪一项不是荧光小菇的别称？

A.萤火蕈

B.萨堤罗斯的胡子

C.绿色陆地水母

252.在日本，人们管荧光小菇叫什么？

A.鬼火

B.夜光茸

C.萤火虫

253.目前已知的最早发现了荧光小菇的人是谁？

A.莎士比亚

B.柏拉图

C.亚里士多德

254."蚂蚁路灯"是下列哪种蘑菇的昵称？

A.荧光小菇

B.橙盖小菇

C.丝柄小菇

255.下列哪一项不是毒蝇伞的别名？

A.毒蝇鹅膏菌

B.蛤蟆菌

C.毒鹅膏菌

256.毒蝇伞属于下列哪种蘑菇类群？

A.鬼笔属

B.鹅膏菌属

C.香菇属

257.什么季节容易见到野生的毒蝇伞？

A.夏秋时节

B.冬季

C.春季

258.毒蝇伞的菌盖通常有哪些颜色？

A.白色和黄色

B.咖啡色和灰褐色

C.红色、黄色、棕色、橘色和粉色

259.下列哪种蘑菇被誉为"菌中之王"?

A.竹荪

B.羊肚菌

C.松口蘑

260.松口蘑的别名叫什么?

A.松茸

B.松根异担子

C.松塔牛肝菌

261.中国的松茸主要产区不包括下列哪一项?

A.香格里拉

B.银川

C.楚雄和延边

262.下列关于松茸的表述正确的是哪一项?

A.松茸可以广泛进行人工培植

B.松茸是担子菌门口蘑科的一种外生菌根菌类

C.松茸只能药用不能食用

263.下列哪一项不是松露的别名?

A.地菌

B.块菌

C.松茸

264.下列哪种蘑菇被誉为"可以吃的白色钻石"?

A.白松露

B.银耳

C.竹荪

265.白松露的主要产区是哪里?

A.中国东北地区

B.意大利巴尔干半岛和克罗地亚北部区域

C.法国南部地区

266.白松露的生长季节通常是什么时候?

A.夏季

B.春季

C.秋冬季节

267."红笼子"是下列哪种蘑菇的别称?

A.红喇叭菌

B.血红菇

C.红笼头菌

268.红笼头菌属于下列哪种蘑菇类群?

A.麦角菌科

B.鬼笔科

C.多孔菌科

269. 红笼头菌成熟的子实体呈什么形状?

A.笼形
B.星形
C.喇叭形

270. 下列关于红笼头菌的表述正确的是哪一项?

A.红笼头菌利用水力和气流扩散孢子
B.红笼头菌是可以食用的真菌
C.在欧洲、亚洲、美洲、大洋洲和北非都有红笼头菌分布

271. 下列哪种蘑菇被视为"森林干湿计"?

A.硬皮地星
B.松茸
C.灰树花

272. 硬皮地星属于下列哪种蘑菇类群?

A.麦角菌科
B.地星科
C.多孔菌科

273. 硬皮地星的孢子通常是怎样传播的?

A.借助水力
B.借助昆虫
C.借助动物

274. 下列关于硬皮地星的表述正确的是哪一项?

A.硬皮地星的子实体外包被干燥时外翻,潮湿时内卷
B.硬皮地星在秋冬时节喜欢群生在潮湿的开阔林地区
C.硬皮地星的子实体成熟时,其硬质外包被会裂开呈星形

275. 白蛋巢菌的子实体成熟时一般呈什么形状?

A.杯形
B.星形
C.棒形

276. 白蛋巢菌属于下列哪种蘑菇类群?

A.麦角菌科
B.鸟巢菌科
C.多孔菌科

277. 白蛋巢菌子实体内产生孢子的小包一般是什么形状的？

A. 扁球形
B. 笼形
C. 梨形

278. 白蛋巢菌的生长季节通常是什么时候？

A. 冬季
B. 春季
C. 夏秋季节

279. 有"万菇之王"美称的蘑菇是下列哪种？

A. 松露
B. 牛肝菌
C. 绣球菌

280. 绣球菌属于下列哪种蘑菇类群？

A. 鸟巢菌科
B. 绣球菌科
C. 多孔菌科

281. 绣球菌广泛分布在哪里？

A. 北温带地区
B. 赤道地区
C. 南极大陆

282. 下列关于绣球菌的表述正确的是哪一项？

A. 绣球菌的子实体一般比较小
B. 绣球菌不喜欢光照
C. 绣球菌属于药食两用的名贵菇种

283. 大多数蘑菇喜欢在哪种环境中生长？

A. 光照充足的环境
B. 寒冷干燥的环境
C. 阴暗潮湿的环境

284. 蘑菇的菌丝体在何种条件下可以发芽？

A. 有阳光
B. 温度适宜
C. 干燥

285. 最适宜于蘑菇的菌丝体生长的温度范围是多少？

A. 20～38摄氏度
B. 26～32摄氏度
C. 24～38摄氏度

286. 种蘑菇为何要经常通风？

A. 满足它们生长所需要的氧气
B. 使空气干燥
C. 使蘑菇多见阳光

287.蘑菇会开花结种吗？

A.会
B.不会

288.蘑菇通过什么繁殖？

A.根
B.种子
C.产生孢子

289.为了种出在外形、产量、营养成分等方面都令人满意的蘑菇，菇农必须怎样做？

A.认真地挑选蘑菇的孢子
B.多通风
C.多让蘑菇晒太阳

290.来自大自然的菌种必须进行什么过程才能用于栽培？

A.去粗取精
B.挑选
C.人工培养

291.引起菌种退化的最主要原因是什么？

A.菌种不纯
B.环境污染
C.种植温度过高

292.下列哪种情况不会引起菌种的退化？

A.菌种纯正
B.培养棚温度过高
C.不同菌株混合栽培

293.下列哪种做法可能会导致菌种退化或不纯？

A.确保自己所选的菌种是没有被杂菌污染的
B.从大自然中采集菌种
C.不要将同一食用菌的不同菌株混合栽培

294.低温型菌种适合在哪种温度下保存？

A.4 摄氏度
B.14 摄氏度
C.16 摄氏度

295.下列哪项不是重复利用各种资源的好处？

A.减少污染
B.物尽其用
C.污染环境

296. 许多蘑菇都是在哪里栽培的？

A. 木材上
B. 稻草中
C. 土壤里

297. 最初，人们怎样处理废材？

A. 重复利用
B. 丢掉或是焚烧掉
C. 用来种地

298. 乙醇是制作什么的主要原料？

A. 蘑菇
B. 酒精
C. 空气

299. 如果什么受到了污染，这些污染物就会被蘑菇吸进体内，逐渐地沉积下来？

A. 土壤、水或是空气
B. 盛菜的盘子
C. 炒菜的锅

300. 江河里的重金属通过什么被蘑菇吸收？

A. 流动
B. 蒸发
C. 水循环

301. 为什么吃被重金属污染的蘑菇过多，会比其他一些被重金属污染的蔬果对人体产生更加严重的影响？

A. 蘑菇无法分解重金属
B. 蘑菇对重金属的富集能力较高
C. 蘑菇可以使铁锅溶解

302. 栽培的蘑菇如何避免被重金属污染？

A. 选好水源
B. 避免阳光照射
C. 不通风

303. 在古代，人们就将蘑菇奉为什么？

A. 山珍
B. 海味
C. 天物

304. 下列哪个国家是最大的蘑菇生产国和出口国？

A. 德国
B. 日本
C. 中国

305. 中国何时开始引进"二次发酵"技术?

A.20 世纪
B.古代
C.21 世纪

306. 为何说中国的蘑菇栽培技术落后?

A.他国已采取"三次发酵技术"
B.他国已采取"四次发酵"技术
C.他国已开始采取"无菌丝"栽培术

307. 蘑菇为何不易保存?

A.含水量过多
B.太柔软
C.营养成分太高

308. 蘑菇腐烂的原因是什么?

A.蘑菇太美味
B.蘑菇太便宜
C.蘑菇水分多,容易滋生细菌和微生物

309. 腐烂的蘑菇为什么不能吃?

A.有毒
B.不美味
C.难以烹饪

310. 要想完好地保存蘑菇,最好的办法是什么?

A.保持干净
B.保持干燥
C.保持低温

311. 蘑菇面临着怎样的危机?

A.大量减少
B.大量增多
C.物种彻底灭绝

312. 下列哪项不是保护蘑菇物种的原因?

A.蘑菇是我们日常生活中必不可少的蔬菜
B.蘑菇是人类治病医疾的良药
C.蘑菇可以进行光合作用

313. 人类对什么的过度开发,对大型真菌的生存环境造成了非常严重的破坏?

A.河流
B.森林和草原
C.山川

314.下列哪种措施可以在保护蘑菇的种类和数量不减少的前提下,研究出新的品种,增强食用菌的生命力和产量?

A.建立以高等真菌为主的"蘑菇自然保护区"
B.加强对人工栽培蘑菇技术的研究
C.给蘑菇贴上标签

315.在原始社会,下列哪一项是人类的重要食物之一?

A.菌菇
B.青草
C.昆虫

316.考古学家在河姆渡发掘的新石器时期的文物中找到了什么?

A.蘑菇的种子
B.画有灵芝的壁画
C.菌菇化石

317."千岁松根也,食之不死"出自下列哪部作品?

A.《战国策》
B.《史记》
C.《鬼谷子》

318.中国传统年画上经常可以看到下列哪种蘑菇的踪影?

A.香菇
B.平菇
C.灵芝

319.人们最早从何时开始采集和食用蘑菇?

A.500年前
B.5000年前
C.一万年前

320.考古学家在哪里发现了和蘑菇十分相似的石器?

A.危地马拉
B.新西兰
C.德国

321.8块蘑菇石分别代表什么?

A.8种怪兽
B.8种植物
C.8个萨满神

322.印第安人为什么会主动吃毒蘑菇?

A.为了充饥
B.为了使自己产生幻觉
C.辨别不清

323. 下列哪本书记载了紫芝的栽培方法？

A.《史记》
B.《本草纲目》
C.《论衡》

324. 下列哪个国家最早种植香菇？

A. 中国
B. 日本
C. 英国

325. 下列哪项是香菇的人工栽培法？

A. 发酵种植法
B. 砍花法栽培
C. 水栽法

326. 东南亚各国的草菇栽培技术是怎样传播出去的？

A. 通过华侨传播
B. 马可·波罗传播的
C. 阿拉伯人传播的

327. 吴三公最初看到香菇长在什么树上？

A. 槐树
B. 桐树
C. 榆树

328. 香菇一名由何而来？

A. 闻起来香
B. 煮出的蘑菇汤味道鲜美，香气扑鼻
C. 开的花香

329. 吃不完的香菇，怎样做可以放到来年再吃？

A. 种在院子里
B. 用火烘干储存起来
C. 放回原处

330. 吴三公随手砍掉了长满香菇的榆树败枝，不久再去摘菇的时候，意外地发现了什么？

A. 被砍过的地方竟然长出了更多的蘑菇
B. 被砍过的地方不长蘑菇了
C. 被砍过的地方很快愈合了

331. 法国人把松露称作什么？

A. 钻石
B. 花朵
C. 食神

332. 松露为什么可以跻身于法国菜、意大利菜极品调味料之列?

A. 它的长相很奇怪
B. 它的香味十分独特
C. 它的数量很稀少

333. 松露通常长在哪里?

A. 地下
B. 树上
C. 水边

334. 人们通常用下列什么帮忙寻找松露?

A. 定位仪
B. 紫外线
C. 松露犬

335. 意大利人更喜欢下列哪种松露?

A. 意大利白松露
B. 法国松露
C. 棕色松露

336. 下列哪个国家没有意大利白松露?

A. 意大利
B. 克罗地亚
C. 中国

337. 意大利白松露的气味类似于什么?

A. 大蒜和帕马森干酪的混合味
B. 大蒜味
C. 干酪味

338. 在收成最好的年份,在整个世界上能收获多少白松露?

A. 10 吨
B. 3 吨
C. 1000 克

339. 最爱采蘑菇的是下列哪个国家的人?

A. 俄罗斯
B. 越南
C. 印度

340. 俄罗斯人把采蘑菇称为什么?

A. 不流血的战争
B. 安静的狩猎
C. 不期而遇的冒险

341. 下列哪一项不是蘑菇充当粮食替代品的原因?

A. 蘑菇味道好
B. 蘑菇吃过后有饱腹感
C. 蘑菇可以人工培植

342. 俄罗斯人最爱哪种蘑菇？

A. 蓝蘑菇
B. 白蘑菇
C. 黑蘑菇

343. 什么是菌菜？

A. 以菌类当调料的菜
B. 长得像菌类的菜
C. 以菌菇为主料制作的菜肴

344. 战国以来，在宫廷中渐渐流行起来的菌菜被称为什么？

A. "宫廷菌菜"
B. "公府菜"
C. "寺院菜"

345. 宫廷菌菜最大的特点是什么？

A. 美味
B. 华丽
C. 华而不实

346. 自唐、宋以来，在贵族士大夫的餐桌上形成的是什么类型的菌菜？

A. "宫廷菜"
B. "公府菜"
C. "寺院菜"

347. 于谦在《入京》诗中提到蘑菇有何目的？

A. 说明蘑菇有多美
B. 借官员逼民众采蘑菇这件事反映朝廷统治的黑暗
C. 表达自己对蘑菇的喜爱

348. 台湾诗人林良在《蘑菇》一诗中把蘑菇比成什么？

A. 一把小伞
B. 一只草帽
C. 一个小亭子

349. 林良想通过《蘑菇》一诗表达什么？

A. 年轻人总是忽略对老年人的照料和关怀
B. 蘑菇是多么美丽
C. 青蛙是多么喜欢蘑菇

350. 在做蘑菇标本时，蘑菇和树叶、蝴蝶有什么不同？

A. 蘑菇体内的水分太多了
B. 蘑菇太大了
C. 蘑菇太重了

351. 在摘蘑菇之前，应该先做下列哪一项？

A. 先把蘑菇用塑料纸包起来
B. 先把蘑菇洗干净
C. 先用相机把蘑菇连同周围的环境一同道拍摄下来

352. 怎样摘准备做标本的蘑菇？

A. 直接用手摘下来
B. 用一把小铲子，将蘑菇连同根部的土壤或是腐木一起挖下来
C. 只摘掉蘑菇的菌盖即可

353. 为了防止蘑菇标本变形，可以采取什么措施？

A. 自然风干
B. 用火烤
C. 放在太阳下面暴晒

354. 蘑菇所具备的功能不包括下列哪一项？

A. 有免疫活性
B. 增强人体抵抗力、防癌抗癌
C. 开发出了新型抗生素

355. 云芝中富含的高水溶性的多糖肽具有什么功能？

A. 抑制 HIV 的复制活性
B. 抑制感冒病毒
C. 抗凝血功能

356. 人们通过什么研究蘑菇是如何产生"抗生素"的？

A. 观察蘑菇的模样
B. 研究真菌的自然防御特性
C. 多吃蘑菇

357. 香菇的提取物可以发挥怎样的功效？

A. 治疗心脏病
B. 抵抗多种微生物感染
C. 使伤口瞬间痊愈

Mr. Know All
互动问答 答案

001	002	003	004	005	006	007	008	009	010	011	012	013	014	015	016
C	B	A	B	B	B	B	B	C	B	A	B	B	A	A	C
017	018	019	020	021	022	023	024	025	026	027	028	029	030	031	032
B	C	B	A	B	C	A	C	B	A	C	A	C	B	A	B
033	034	035	036	037	038	039	040	041	042	043	044	045	046	047	048
C	C	B	A	C	B	B	C	B	A	C	B	A	A	B	C
049	050	051	052	053	054	055	056	057	058	059	060	061	062	063	064
A	B	C	B	A	B	C	A	B	C	A	B	A	C	B	B
065	066	067	068	069	070	071	072	073	074	075	076	077	078	079	080
C	A	A	C	B	C	A	B	C	C	B	B	A	C	B	A
081	082	083	084	085	086	087	088	089	090	091	092	093	094	095	096
C	A	A	B	B	C	A	B	A	C	A	B	A	B	B	C
097	098	099	100	101	102	103	104	105	106	107	108	109	110	111	112
A	A	B	A	B	C	C	B	A	C	A	B	B	C	A	B
113	114	115	116	117	118	119	120	121	122	123	124	125	126	127	128
A	B	C	A	B	C	A	B	C	B	B	C	A	B	C	A
129	130	131	132	133	134	135	136	137	138	139	140	141	142	143	144
B	C	C	B	A	C	A	C	C	B	A	C	B	A	C	A
145	146	147	148	149	150	151	152	153	154	155	156	157	158	159	160
B	B	C	A	A	B	A	C	B	C	B	A	B	C	A	B
161	162	163	164	165	166	167	168	169	170	171	172	173	174	175	176
C	B	C	A	B	C	B	C	C	A	B	C	B	A	B	B
177	178	179	180	181	182	183	184	185	186	187	188	189	190	191	192
B	A	C	B	B	B	C	A	C	B	B	C	A	C	B	C
193	194	195	196	197	198	199	200	201	202	203	204	205	206	207	208
B	A	C	B	A	C	B	C	A	C	A	C	B	B	A	C
209	210	211	212	213	214	215	216	217	218	219	220	221	222	223	224
B	A	A	C	B	C	A	C	B	A	B	B	C	C	C	A
225	226	227	228	229	230	231	232	233	234	235	236	237	238	239	240
A	B	C	A	B	C	A	B	A	C	B	C	A	C	A	B
241	242	243	244	245	246	247	248	249	250	251	252	253	254	255	256
B	C	C	A	B	B	A	B	C	B	B	B	C	A	C	B
257	258	259	260	261	262	263	264	265	266	267	268	269	270	271	272
A	C	C	A	B	B	C	A	B	C	C	B	A	C	A	B
273	274	275	276	277	278	279	280	281	282	283	284	285	286	287	288
A	C	A	B	A	C	C	B	A	C	C	B	A	B	B	C
289	290	291	292	293	294	295	296	297	298	299	300	301	302	303	304
A	C	A	B	A	C	A	B	A	C	B	C	B	A	A	C
305	306	307	308	309	310	311	312	313	314	315	316	317	318	319	320
A	A	A	C	A	B	A	C	B	B	A	C	B	C	C	A
321	322	323	324	325	326	327	328	329	330	331	332	333	334	335	336
C	B	C	A	B	C	B	B	A	A	B	C	B	C	A	C
337	338	339	340	341	342	343	344	345	346	347	348	349	350	351	352
A	B	A	B	C	B	C	A	C	A	C	C	A	C	B	B
353	354	355	356	357											
A	C	A	B	B											

蘑菇是一种大型的、高等的真菌,由菌丝体和子实体组成。

双孢蘑菇生于欧洲以及北美洲,肉质肥厚,人类很早便开始食用。

菌盖是蘑菇头上的帽子,它是子实体最明显的部分。

菌柄对于我们来说并不陌生,它是支持菌盖的部分,类似于一把伞中最粗的那根中棒。

Mr. Know All
从这里，发现更宽广的世界……

Mr. Know All
—— 小书虫读科学 ——